建设工程防水质量常见问题防治指南

深圳市建筑工程质量安全监督总站
深圳市市政工程质量安全监督总站　主编
深 圳 市 防 水 行 业 协 会

中国建筑工业出版社

图书在版编目(CIP)数据

建设工程防水质量常见问题防治指南 / 深圳市建筑工程质量安全监督总站，深圳市市政工程质量安全监督总站，深圳市防水行业协会主编. — 北京：中国建筑工业出版社，2020.8
ISBN 978-7-112-25423-1

Ⅰ. ①建… Ⅱ. ①深… ②深… ③深… Ⅲ. ①建筑防水—工程质量—质量控制—指南 Ⅳ. ①TU761.1-62

中国版本图书馆 CIP 数据核字(2020)第 167130 号

本书依据防水相关的最新规范编写，是对 2014 年 12 月出版的《建设工程防水质量通病防治指南》的再版修订。全书共分为屋面工程、外墙工程、室内工程、地下工程、轨道交通工程、市政工程、注浆堵漏工程、防水修缮工程八大部分，共列举了 71 项防水质量常见问题项目。分析了各项防水质量常见问题产生的原因并给出了治理质量通病的措施，具有针对性强、适用面广、简明扼要、图文并茂等特点。本书对预防和治理防水常见问题、质量通病具有指导作用，对提高工程质量水平具有借鉴作用。

本书可供建设工程设计、施工、监理、质量、材料、安全等人员使用。

* * *

责任编辑：郭　栋
责任校对：赵　菲

建设工程防水质量常见问题防治指南
深圳市建筑工程质量安全监督总站
深圳市市政工程质量安全监督总站　主编
深圳市防水行业协会

*

中国建筑工业出版社出版、发行(北京海淀三里河路 9 号)
各地新华书店、建筑书店经销
北京红光制版公司制版
北京富诚彩色印刷有限公司印刷

*

开本：787 毫米×1092 毫米　1/16　印张：11¼　字数：271 千字
2020 年 12 月第一版　2020 年 12 月第一次印刷
定价：**89.00** 元
ISBN 978-7-112-25423-1
(36338)

编 委 会

深圳市卓宝科技股份有限公司
深圳市朗迈新材料科技有限公司
深圳市耐克防水实业有限公司
广州市台实防水补强有限公司
深圳弘深精细化工有限公司
北京圣洁防水材料有限公司
广东宏源防水科技发展有限公司
西牛皮防水科技有限公司
山东鑫达鲁鑫防水材料有限公司
深圳卓众之众防水技术股份有限公司
江苏凯伦建材股份有限公司
成都赛特防水材料有限责任公司
广东禹能建材科技股份有限公司
大禹九鼎新材料科技有限公司
深圳市天其佳建筑科技有限公司
华鸿（福建）建筑科技有限公司
唐山德生防水股份有限公司
广东青龙建筑工程有限公司
胜利油田大明新型建筑防水材料有限责任公司

序

首先，祝贺《建设工程防水质量常见问题防治指南》付梓！

收到深圳市防水行业协会发来的《建设工程防水质量常见问题防治指南》书稿，遂认真浏览了全书，并深为叹服其内容的全面、细致、科学和可操作性。

建筑防水工程涉及屋面、外墙、室内、地下室、轨道交通、市政堵漏修缮等工程，关乎建筑安全，关乎民生。且近年来社会对治理工程中防水质量问题的呼声越来越高，引起了各级政府的高度重视。为有效预防和治理工程常见质量问题，全面提升建筑工程建设水平，尤其是提升防水工程质量，同时对标现行国家标准，推进建筑防水新材料、新技术和新工艺的应用，淘汰落后产品和落后技术，明确分析各项质量问题产生的原因并给出合理可行的预防和治理措施，是本书最大的特点和亮点。

多年以来，深圳市防水行业协会依托深圳市建筑工程质量安全监督总站和深圳市市政工程质量安全监督总站，强化行业自律，坚持守正创新，在推动深圳市防水行业高质量发展方面，做了很多有益的工作，本次修编《建设工程防水质量常见问题防治指南》，在两站的大力支持下积极开展各项活动。此书的出版发行不仅可以促进深圳市防水行业健康发展，为打造绿色的防水产业做出新的贡献，而且对全国防水行业的发展也会起到积极的推动作用。

本书付梓之际，应邀作序，谨以此表达我对本书出版的赞赏与支持。

朱冬青
中国建筑防水协会秘书长
中国建筑防水协会专家委员会主任委员
教授级高级工程师
2020 年 6 月

出版说明

《建设工程防水质量通病防治指南》自2014年首次出版以来，已先后印刷3次，经多次印刷后仍然非常畅销，是一本深受广大建筑设计、施工、教学和科研工作者欢迎的工具书。但本指南于2014年首次出版时所引用的规范、标准，都是当时2013年及以前颁布的最新版本，随着建设科学技术的不断发展，所引用的规范、标准很多都已有更新和变化，改版工作势在必行。为了使本指南的内容更加丰富，及时更新、与时俱进，适应防水工程科学技术不断创新发展的新常态，满足广大读者的需求，第二版在原编排结构的基础上，作了局部更新、完善和补充，现更名为《建设工程防水质量常见问题防治指南》。

1.《建设工程防水质量常见问题防治指南》作为一部工具书，其最大的特点是从列举常见的质量常见问题入手，通过原因分析，依据国家现行规范、标准中的具体条文，能够给出严谨的解决方案和防治措施。

2. 本指南是以国家现行规范、标准为纲，以防治措施为主线，让读者借助这一本书，就能阅读到44本现行规范、标准，从中精准地找到有针对性的条文并得到启发，使其权威性再次深深地得到读者的信任。

3. 本次改版的核心是对标现行国家规范、标准，经过仔细认真、一丝不苟、逐字逐句，核对所有引用的规范、标准条文，做到同步更新，实现与时俱进的目标。

4. 借助《深圳市建设工程防水技术标准》SJG 19—2019和配套的防水图集，将一些先进、创新的、实践证明是非常成功的做法和节点构造，加以推广应用，对局部作了微调。

5. 增加了第八章防水修缮工程，主要是由各一线防水施工企业提供素材，总结多年来的修缮经验，针对裂、渗、漏的质量常见问题进行原因分析，并提出行之有效的解决方案。

参与本书编写和修订的作者，除原有的部分老作者外，还增添了一部分具有丰富实践经验的新作者。

参与本书编写和修订的单位，除原有的主编单位和参编单位外，还邀请了部分具有丰富防水施工经验的单位参加编写，并得到了他们的热情支持和关心。

在本指南即将出版之际，特向参与第二版编写和修订的新老作者、各主编和参编单位致以崇高的敬意，并向一直热情关注本指南的广大读者表示衷心感谢！

编　者

2020年6月

前版序*

近10年，自中国建筑防水行业“十一五”和“十二五”发展规划实施以来，建筑防水领域的多元化、专业化、系统化，以及科技事业都已初步形成了可持续发展的新局面，在这大好形势下，对推动建设工程防水技术进步产生了积极作用，是非常可喜的，这是长期以来建筑防水企业及其广大科技工作者不遗余力取得的成绩。为保证和提高防水工程质量，通过大量工作实践，防水行业取得的基本经验是：发展系统技术，综合治理渗漏。同时，为做好防水工程还必须掌握好以下几个重要环节：认真执行标准规范，择优选用防水材料，周密制订防水方案，严格实施专业施工，切实加强质量监管。业内人士普遍认为：在正常情况下，建设工程发生少量渗漏在所难免，但事与愿违，至今全国建筑渗漏率居高不下的局面仍相当严重，被列为建筑工程质量常见问题之首，这在国际上也是非常罕见的。

近几年，为扭转和避免这一局面加剧，政府和社会团体都很重视渗漏治理问题，做了大量工作。如住房和城乡建设部发文，规划用五年时间进行重点专项治理；在防水材料生产方面，全国开展了防水卷材质量提升年活动，并多次发动防水企业举办“走进社区诊治渗漏”大型公益活动；在学术交流活动方面，众多建筑防水学术团体多年举办技术交流会，介绍新材料、新工艺、新技术在渗漏治理工程中的应用经验；在加强设计质量方面，为提高设计人员的技术水平，住房和城乡建设部执业资格注册中心决定将设计人员继续教育的防水课程从选修提升到必修，并委托中国建筑防水协会组织专家编写了注册建筑师继续教育必修教材《建筑防水》；在提高施工技术水平方面，防水行业正在大力推动企业开展职工技能培训和生产、施工技术竞赛等活动。以上这些措施和开展的活动，无可置疑是积极的、务实的，有望使我国建筑防水技术的整体水平迈上一个新的台阶。

近日，我收到了由深圳市建设工程质量监督总站和深圳市防水专业（专家）委员会主编的《建设工程防水质量通病防治指南》，阅读后很是欣慰，感到本书内容颇为新颖、实用，综观全书具有以下特点：

1. 总结与揭示了当前建设工程普遍与常见防水质量常见问题的现状，内容具有针对性；

2. 行文以标准、规范相关规定为准绳，以解决渗漏防治为目标，内容具有指导性；

3. 凭借专家们的工作经验，具体分析了渗漏原因及其危害性，内容具有专业性；

4. 提出的防治措施及通用做法，内容具有实用性；

5. 附有参考图表，图文并茂，内容具有示范性。从总体上说，本书对提高建设工程质量常见问题防治必将发挥较好的指导作用。

值得指出的是：本书的出版，表明深圳市质监部门对建筑渗漏局面的高度重视，为切实解决防水工程渗漏，保证防水工程质量，不失时机联手防水专家编撰本书，在国内尚属首例，相信其发挥的功能不乏面向深圳，更可为全国建筑防水企业和广大从业人员借鉴，掌握和运用这些技术，指导自己的工作。因此，本书也是一本宣贯防水技术规范的书，具有推广应用意义。在本书付梓之际，应邀作序，谨此表达我对本书出版的赞赏与支持。

李承刚　2014年8月

（李承刚，中国建筑科学研究院原党委书记、研究员，国务院政府特殊津贴专家，资深建筑防水专家；现任中国建筑防水协会、中国建筑业协会建筑防水分会专家委员会主任委员）

* 本书前版为《建设工程防水质量通病防治指南》(26170)，深圳市建设工程质量监督站、深圳市防水专业（专家）委员会主编，中国建筑工业出版社2014年12月出版。

前版前言

建设工程质量关系人民群众切身利益、国民经济投资效益和建筑业可持续发展。近年来社会对治理工程质量常见问题的呼声越来越高，引起了各级政府的高度重视，治理工程质量常见问题是我们面临迫切需要解决的问题。2013 年，住房和城乡建设部以 149 号文件下达了“关于深入开展全国工程质量专项治理工作通知”；国家质监总局和工信部以 644 号文件下 达了“关于加强建筑防水行业质量建设，促进建筑防水卷材产品质量提升的指导意 见”；2014 年，住房和城乡建设部以 130 号文件下达了“关于工程质量治理两年行动方案通知”，旨在严格质量责任落实，强化激励约束措施，构建质量常见问题治理长效机制，有效预防和治理质量常见问题，全面提升建筑工程质量水平。

近年来，渗漏水成了工程质量常见问题的重灾区之一。在工程质量投诉中，渗漏投诉比例一直居高不下，成为反复出现的痼疾和群众投诉热点。中国建筑防水协会与北京零点市场调查与分析公司联合发布《2013 年全国建筑渗漏状况调查项目报告》。在报告中指出建筑屋面样本渗漏率达到 95.33%；地下建筑样本渗漏率达到 57.51%；究其原因，防水设计不科学、选材不恰当、施工不精细、造价不合理、使用维护管理不到位等，都会导致工程质量渗漏水。

为此，我们组织专家编写了《建设工程防水质量通病防治指南》。本指南共分为屋面工程、外墙工程、室内工程、地下工程、轨道交通工程、市政工程、注浆堵漏工程七大部分，共列举了 64 项防水质量常见问题项目。分析了各项质量问题产生的原因并给出了治理质量常见问题的措施，具有针对性强、适用面广、简明扼要、图文并茂等特点。对预防和治理防水质量常见问题具有一定的指导作用，对提高工程质量水平具有一定借鉴作用。

本书在编写过程中得到了许多专家和有关单位的帮助和支持，对此表示衷心感谢。如对本书中内容有意见和建议，请联系深圳市防水专业委员会（地址：深圳市福田区振兴路 1 号建设工程质量监督总站 701 室，邮箱：szwa2011@126.com，邮政编码：518034）。

编者

2014 年 8 月

目　录

第一章　屋　面　工　程

1.1　倒置式屋面渗漏水

质量常见问题	1. 倒置式屋面防水层渗漏； 2. 倒置式屋面落水口、檐口周边屋面渗漏； 3. 倒置式屋面变形缝渗漏； 4. 倒置式屋面出入口及高低跨处渗漏
规范、标准相关规定	《倒置式屋面工程技术规程》JGJ 230—2010 **3.0.1**　倒置式屋面工程的防水等级应为Ⅰ级，防水层合理使用年限不得少于20年。 **3.0.7**　倒置式屋面防水层完成后，平屋面应进行24h蓄水检验，坡屋面应进行持续2h淋水检验，并应在检验合格后再进行保温层施工。 **5.1.3**　倒置式屋面坡度不宜小于3%。 **5.2.6**　倒置式屋面保护层设计应符合下列规定： 9　细石混凝土保护层与山墙、凸出屋面墙体、女儿墙之间应预留宽度为30mm的缝隙。 **5.3.2**　天沟、檐沟的防水保温构造应符合下列规定： 1　檐沟、天沟及其与屋面板交接处应增设防水附加层； 2　防水层应由沟底翻上至沟外侧顶部，卷材收头应用金属压条钉压，并应用密封材料封严；涂膜收头应用防水涂料涂刷2～3遍或用密封材料封严。 **5.3.4**　屋面变形缝处防水保温构造应符合下列规定： 1　屋面变形缝的泛水高度不应小于250mm； 2　防水层和防水附加层应连续铺贴或涂刷覆盖变形缝两侧挡墙的顶部； 3　变形缝顶部应加扣混凝土或金属盖板，金属盖板应铺钉牢固，接缝应顺流水方向，并应做好防锈处理；变形缝内应填充泡沫塑料，上部应填放衬垫材料，并应采用卷材封盖。 **5.3.5**　屋面高低跨变形缝处防水保温构造应符合下列规定： 1　高低跨变形缝的泛水高度不应小于250mm； 2　变形缝挡墙顶部水平段防水层和附加层不宜粘牢。 **5.3.7**　屋面出入口处防水保温构造应符合下列规定： 1　屋面出入口泛水距屋面高度不应小于250mm； 2　屋面水平出入口防水层和附加层收头应压在混凝土踏步下，屋面踏步与屋面保护层接缝处应采用密封材料封严。 **5.3.11**　瓦屋面天沟防水保温构造应符合下列规定：

规范、标准相关规定	1　天沟底部沿天沟中心线应铺设附加防水层，每边宽度不应小于450mm，并应深入平瓦下； 2　天沟部位应设置金属板瓦覆盖，在平瓦下应上翻，并应和平瓦结合严密
原因分析	1. 防水等级达不到规范Ⅰ级设防要求，屋面找坡小于3%，为二道防水层或二层相邻防水材料材性不相容，以及间隔式设置防水层不能有效地形成复合防水层。防水层施工完后未进行平屋面24h蓄水、坡屋面2h淋水检验。 2. 屋面找坡设计采用了含水率高且强度低的轻质混凝土，设计或施工采用非国标的防水层材料，质量低劣而引起渗漏。 3. 粘贴防水层的基层强度低，不能保证防水层与基层有效的粘贴而造成串水渗漏；涂膜防水层涂刷厚度远小于设计要求；雨水口、管道根部及阴阳角转接处、加强层、加强带未按规范要求设置；卷材纵横缝搭接均未达到规范要求，施工过程中的缺陷而造成渗漏。 4. 混凝土保护层及块料面层未与女儿墙及凸出屋面墙体断开，预留防止温度引起的伸缩缝不符合规范要求。 5. 檐沟、天沟屋面变形缝的防水构造处理不符合规范要求，且变形缝挡墙顶部的防水层及附加层与平面墙顶粘结太牢，卷材预留U形槽变形尺寸不足，造成拉断渗漏。 6. 所有高低跨、沿墙四周的泛水高度低于屋面完成面小于250mm。 7. 屋面出入口泛水构造不符合规范要求。 8. 天沟处理不符合规范构造要求。 9. 屋面防水层施工完成后，未及时施工防水层上构造层对防水层进行保护
防治措施及通用做法	1. 倒置式屋面宜选择结构找坡或细石混凝土找坡，坡度应不小于3%，必须为Ⅰ级防水设防，并选用二层材性相容的防水材料进行直接复合。 2. 防水层材料选用必须是符合国家规范的合格材料，涂膜涂刷厚度不得小于1.5mm，卷材搭接必须满足规范要求。强度低的基层要进行返工清除确保有效粘结。防水层施工完后必须进行24h蓄水检验，坡屋面必须进行2h以上的淋水检验，合格后方可进行下道工序的施工，防水层施工后要及时施工防水层上面的构造层。 3. 混凝土保护层及块料面层、与女儿墙四周及高低跨等屋面形状有变化的地方，必须设置完全断开的宽度30mm宽的缝（有配筋的钢筋应切断），并按规范要求做衬垫材料，用单组分聚氨酯建筑密胶嵌密实。 4. 所有泛水防水设防高度应为屋面完成面以上不小于250mm。 5. 屋面出入口防水构造应按照图1-2的构造做法设计施工。 6. 坡屋面天沟应严格按照图1-1、图1-5的构造做法设计施工，天沟的宽度、排水坡度应符合规范要求，保证流水畅通。 7. 雨水口、管道根部、阴阳角转接处严格按规范要求，做好加强层、加强带的处理措施

参考图示

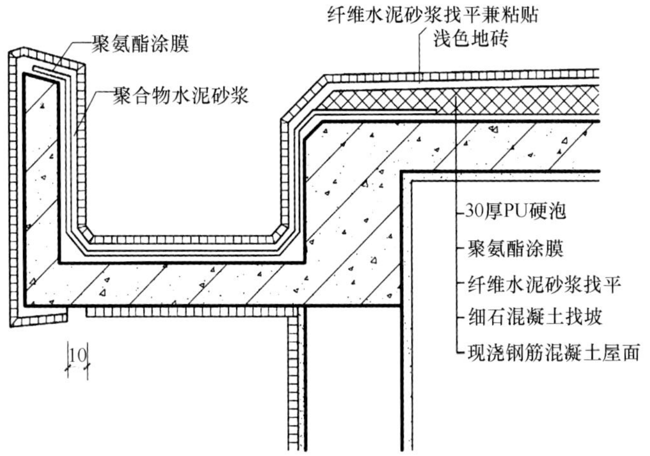

纤维水泥砂浆找平兼粘贴
浅色地砖
聚氨酯涂膜
聚合物水泥砂浆
30厚PU硬泡
聚氨酯涂膜
纤维水泥砂浆找平
细石混凝土找坡
现浇钢筋混凝土屋面
10

图 1-1

注：PU：水平面保温，30 厚；泛水（净高≥250）、水落口附近（400 范围内）20 厚。
保护层：水平面 30 厚纤维细石混凝土；泛水及水落口附近为 10 厚聚合物纤维水泥砂浆。
找平层：优选结构找坡；不得已，细石混凝土找坡

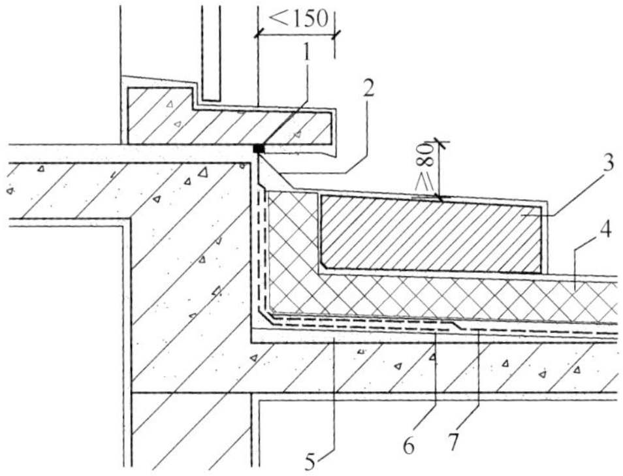

<150
1
2
≥80
3
4
5
6
7

图 1-2

1—密封材料；2—保护层；3—踏步；4—保温层；5—找坡层；6—防水附加层；7—防水层

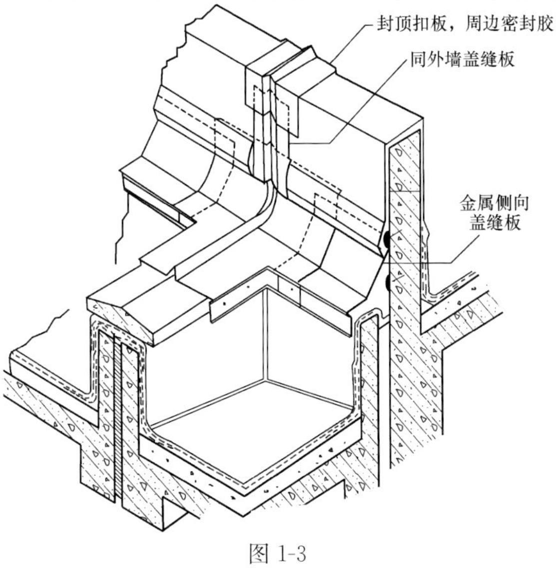

封顶扣板，周边密封胶
同外墙盖缝板
金属侧向
盖缝板

图 1-3

参考图示

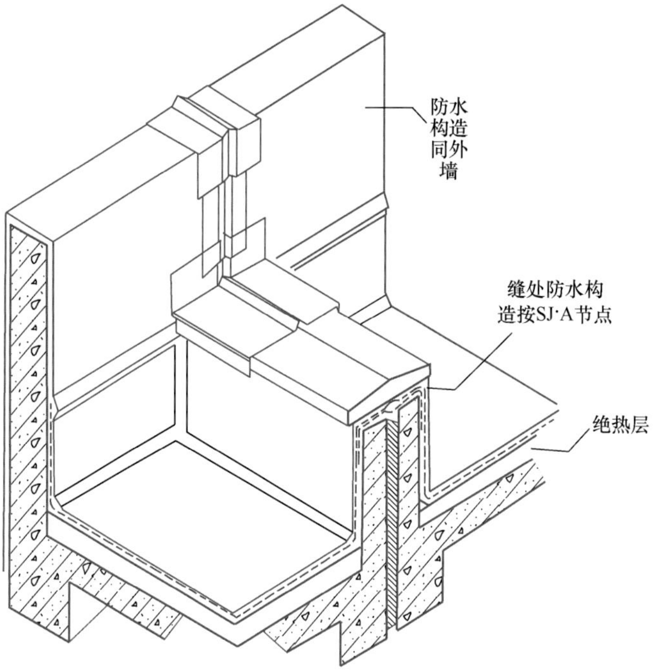
防水
构造
同外
墙
缝处防水构
造按SJ·A节点
绝热层

图 1-4

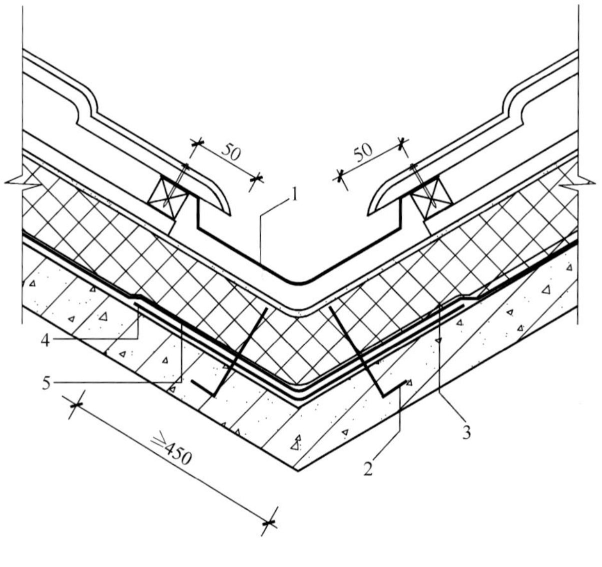
50
50
1
4
5
≥450
2
3

图 1-5　瓦屋面天沟防水保温构造

1—防水金属板瓦；2—预埋锚筋；3—保温层；
4—防水附加层；5—防水层

1.2 金属板屋面渗漏

质量常见问题	1. 金属板接缝处渗水； 2. 高低跨、山墙边漏水； 3. 螺栓节点漏水
规范、标准相关规定	《屋面工程技术规范》GB 50345—2012 **4.9.7** 压型金属板采用咬口锁边连接时，屋面的排水坡度不宜小于5%；压型金属板采用紧固件连接时，屋面的排水坡度不宜小于10%。 **4.11.10** 金属板屋面檐口挑出墙面的长度不应小于200mm；屋面板与墙板交接处应设置金属封檐板和压条。 **4.11.15** 山墙的防水构造应符合下列规定： 5 金属板屋面山墙泛水应铺钉厚度不小于0.45mm的金属泛水板，并应顺流水方向搭接；金属泛水板与墙体的搭接高度不应小于250mm，与压型金属板的搭盖宽度宜为1波～2波，并应在波峰处采用拉铆钉连接。 **4.11.28** 金属板屋面的屋脊盖板在两坡面金属板上的搭盖宽度每边不应小于250mm，屋面板端头应设置挡水板和堵头板。 《坡屋面工程技术规范》GB 50693—2011 **4.6.3** 压型金属板的主要性能应符合现行国家标准《建筑用压型钢板》GB/T 12755、《铝及铝合金压型板》GB/T 6891的相关规定，不锈钢压型金属板的主要性能应符合相关标准的有关规定。 **4.6.6** 与屋面金属板直接连接的附件、配件的材质不得对金属板及其涂层造成腐蚀
原因分析	1. 金属板屋面、屋面排水坡度不符合规范要求，排水不畅引起渗漏； 2. 金属板屋面檐口挑出墙面长度和构造处理均不符合规范要求，引起渗漏； 3. 高低跨处和山墙泛水处理不符合规范要求造成渗漏； 4. 屋脊构造处理不符合规范要求造成渗漏； 5. 金属板的性能不符合要求或使用维护不当，出现锈蚀金属板面甚至锈穿而渗漏，屋面板连接用配件、附件材质对金属屋面板造成腐蚀而出现渗漏

<table>
<tr>
<td>防治措施及通用做法</td>
<td>1. 当压型金属板采用咬口锁边连接时，屋面排水坡度不小于 5％；当压型金属板采用紧固件连接时，屋面排水坡度应不小于 10％；
2. 金属板屋面的檐口挑出墙面长度最小不得小于 200mm，并应做好檐口的通长密封条、金属压条和金属封檐板等构造；
3. 在金属板屋面的高低跨外和山墙泛水处，应按规范要求做好金属泛水板和金属盖板，泛水板在立面应大于 250mm，平面搭接不得少于 1 个波，用水泥钉和拉铆钉连接，并且用密封材料进行密封；
4. 金属板屋脊的盖板与金属板的搭接不得小于 250mm，做好挡水板和堵头板，用固定螺栓固定牢固并采用单组分聚氨酯建筑密封胶进行密封；
5. 选用符合现行国家标准的金属板及相关附件、配件，确保合理的使用年限；
6. 加强使用维护，不得破坏屋面防水、排水系统</td>
</tr>
<tr>
<td>参考图示</td>
<td>
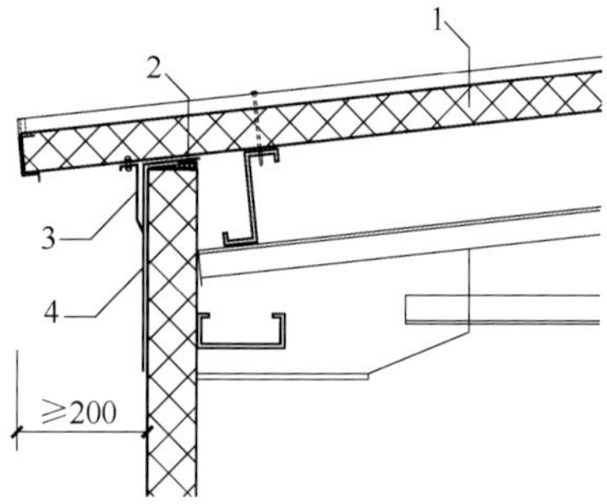
1
2
3
4
≥200
图 1-6　金属板屋面檐口
1—金属板；2—通长密封条；3—金属压条；4—金属封檐板
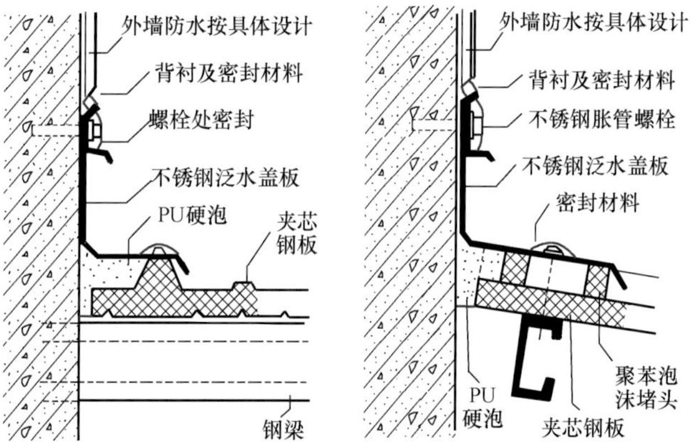
外墙防水按具体设计
背衬及密封材料
螺栓处密封
不锈钢泛水盖板
PU硬泡
夹芯钢板
钢梁
外墙防水按具体设计
背衬及密封材料
不锈钢胀管螺栓
不锈钢泛水盖板
密封材料
聚苯泡沫堵头
PU硬泡
夹芯钢板
图 1-7
</td>
</tr>
</table>

参考图示	见下方图 1-8、图 1-9、图 1-10

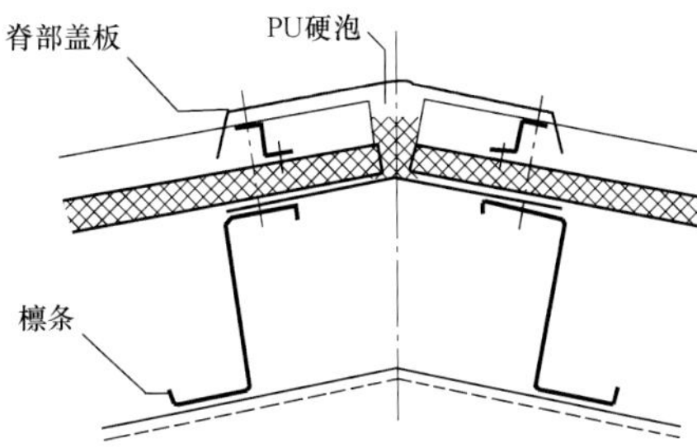

脊部盖板
PU硬泡
檩条

图 1-8

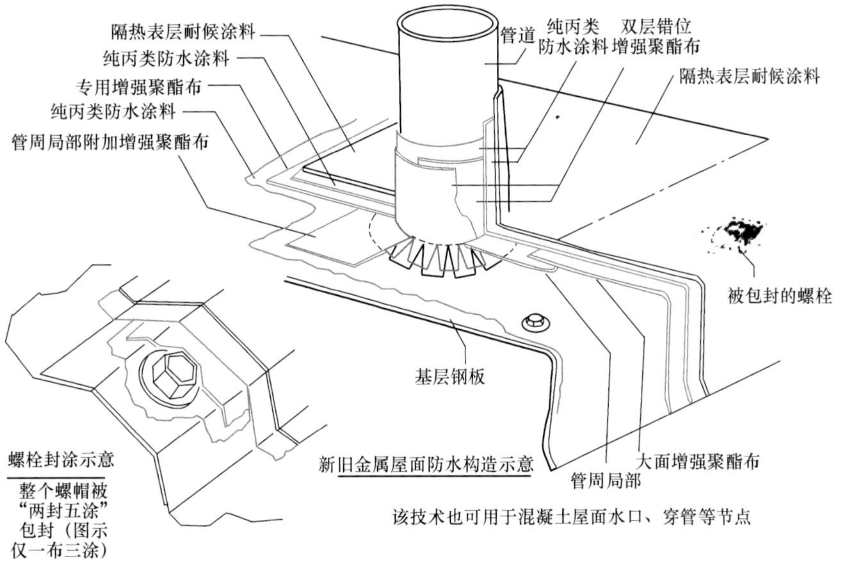

隔热表层耐候涂料
纯丙类防水涂料
专用增强聚酯布
纯丙类防水涂料
管周局部附加增强聚酯布
管道
纯丙类
防水涂料
双层错位
增强聚酯布
隔热表层耐候涂料
被包封的螺栓
基层钢板
螺栓封涂示意
整个螺帽被
“两封五涂”
包封（图示
仅一布三涂）
新旧金属屋面防水构造示意
管周局部
大面增强聚酯布
该技术也可用于混凝土屋面水口、穿管等节点

图 1-9

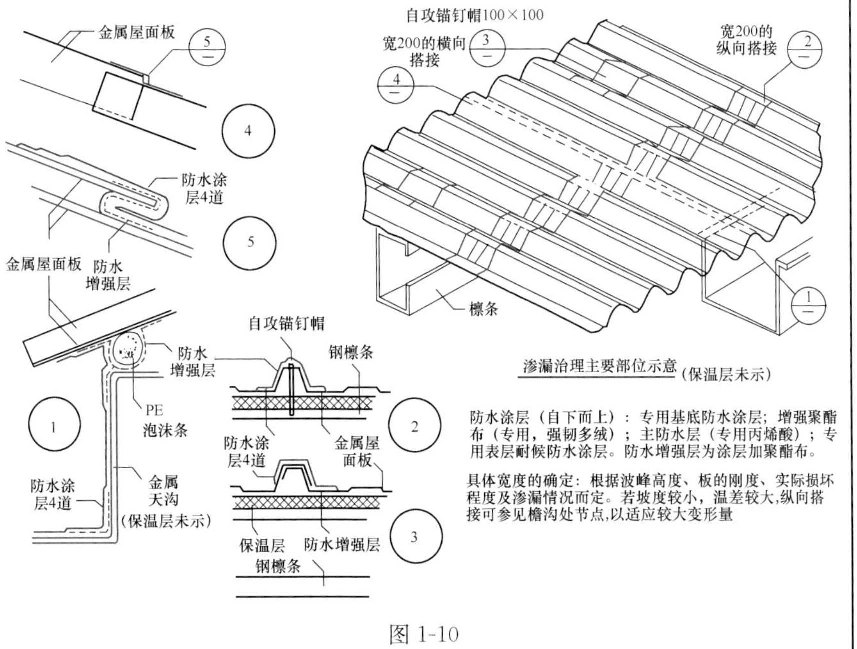

金属屋面板
5
4
防水涂
层4道
金属屋面板
防水
增强层
自攻锚钉帽100×100
宽200的横向
搭接
3
4
宽200的
纵向搭接
2
1
檩条
防水
增强层
PE
泡沫条
1
防水涂
层4道
金属
天沟
（保温层未示）
自攻锚钉帽
钢檩条
2
防水涂
层4道
金属屋
面板
3
保温层
防水增强层
钢檩条
渗漏治理主要部位示意（保温层未示）
防水涂层（自下而上）：专用基底防水涂层；增强聚酯布（专用，强韧多绒）；主防水层（专用丙烯酸）；专用表层耐候防水涂层。防水增强层为涂层加聚酯布。
具体宽度的确定：根据波峰高度、板的刚度、实际损坏程度及渗漏情况而定。若坡度较小，温差较大，纵向搭接可参见檐沟处节点，以适应较大变形量

图 1-10

1.3 屋面变形缝渗漏

质量常见问题	屋面变形缝渗漏
规范、标准相关规定	《屋面工程技术规范》GB 50345—2012 **4.11.18** 变形缝防水构造应符合下列规定： 1 变形缝泛水处的防水层下应增设附加层，附加层在平面和立面的宽度不应小于250mm；防水层应铺贴或涂刷至泛水墙的顶部； 2 变形缝内应预填不燃保温材料，上部应采用防水卷材封盖，并放置衬垫材料，再在其上干铺一层卷材； 3 等高变形缝顶部宜加扣混凝土或金属盖板； 4 高低跨变形缝在立墙泛水处，应采用有足够变形能力的材料和构造作密封处理
原因分析	1. 变形缝泛水处防水层下未做附加层，而且防水层未做到泛水墙顶部； 2. 变形缝处卷材未预留成U形槽无衬垫材料，当产生变形时卷材被拉裂破坏引起渗漏； 3. 高低跨处的变形缝防水卷材收头处理不符合规范要求； 4. 盖板两侧未做滴水处理
防治措施及通用做法	1. 当变形缝处防水层应为卷材并应增设附加层，应在接缝处留成U形槽，并用衬垫材料填好，确保当变形缝产生变形时卷材不被拉断； 2. 变形缝泛水处的防水层应和变形缝处的防水层重叠搭接做好收头处理，做好盖板和滴水处理，高低跨变形缝在立面墙泛水处应选用变形能力强、抗拉强度好的材料和构造进行密封处理，并覆盖金属盖板； 3. 变形缝泛水的防水层下应按规范要求增设附加层，并且附加层在平面和立面的宽度应大于250mm，防水层必须铺贴或涂刷至泛水墙的顶部

参考图示	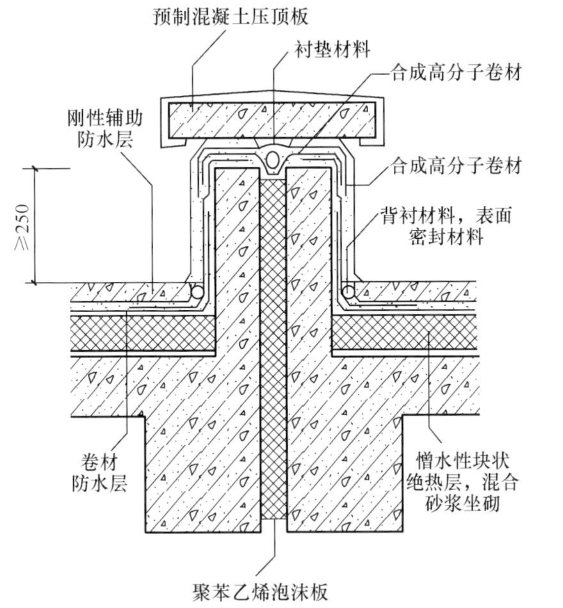 图 1-11 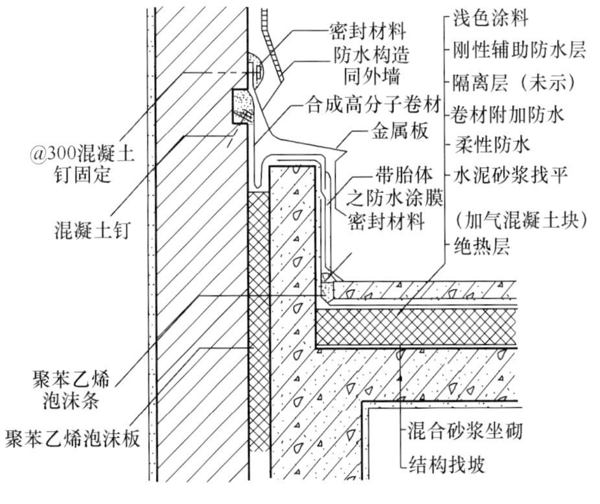 图 1-12

预制混凝土压顶板
衬垫材料
合成高分子卷材
刚性辅助防水层
合成高分子卷材
≥250
背衬材料，表面密封材料
卷材防水层
憎水性块状绝热层，混合砂浆坐砌
聚苯乙烯泡沫板

密封材料
防水构造同外墙
合成高分子卷材
金属板
@300混凝土钉固定
带胎体之防水涂膜
密封材料
混凝土钉
浅色涂料
刚性辅助防水层
隔离层（未示）
卷材附加防水
柔性防水
水泥砂浆找平
（加气混凝土块）
绝热层
聚苯乙烯泡沫条
聚苯乙烯泡沫板
混合砂浆坐砌
结构找坡

1.4 女儿墙渗漏

质量常见问题	女儿墙根部有渗水痕迹、返碱、流淌、挂污
规范、标准相关规定	《屋面工程技术规范》GB 50345—2012 **4.11.14** 女儿墙的防水构造应符合下列规定： 1 女儿墙压顶可采用混凝土或金属制品。压顶向内排水坡度不应小于5%，压顶内侧下端应作滴水处理； 2 女儿墙泛水处的防水层下应增设附加层，附加层在平面和立面的宽度均不应小于250mm； 3 低女儿墙泛水处的防水层可直接铺贴或涂刷至压顶下，卷材收头应用金属压条钉压固定，并应用密封材料封严；涂膜收头应用防水涂料多遍涂刷； 4 高女儿墙泛水处的防水层泛水高度不应小于250mm，防水层收头应符合本条第3款的规定；泛水上部的墙体应作防水处理； 5 女儿墙泛水处的防水层表面，宜采用涂刷浅色涂料或浇筑细石混凝土保护
原因分析	1. 钢筋混凝土女儿墙为二次浇捣，施工缝未凿除混凝土余浆，清理不干净； 2. 砌体女儿墙与屋面板间或板头处未粘贴防裂镀锌钢丝网； 3. 低女儿墙泛水处的防水层未贴铺或涂刷至压顶下，且收头不符合规范要求起鼓、开裂，压顶无明显滴水处理，引起渗漏； 4. 女儿墙泛水处的平立面未做附加层，涂料防水层未做增强层； 5. 女儿墙泛水高度达不到250mm，倒置式屋面防水未做到屋面完成面向上250mm，且收头未按规范要求做； 6. 女儿墙泛水处防水层未按规范要求及时做保护层，防水层老化破坏引起渗漏
防治措施及通用做法	1. 混凝土女儿墙在进行第二次浇捣前应凿除混凝土余浆，并提前浇水润湿，采用同强度等级混凝土配合比去除碎石的水泥砂浆进行接缝处理，确保新旧混凝土接缝严实； 2. 砌体女儿墙与屋面板相连处增加防裂镀锌钢丝网； 3. 低女儿墙泛水处的防水层应铺到或涂刷到压顶下，并应严格按规范构造要求进行收头，防止防水层与墙面分离。压顶内侧做好滴水处理，确保水不沿压顶顺流至墙面；

防治措施及通用做法	4. 屋面大面积防水层施工前，应先做好女儿墙与屋面相连部位的附加层或涂料的增强层，并经验收合格后方可进行大面积防水层施工； 5. 泛水高度：正置式屋面泛水防水层向上不小于 250mm； 倒置式屋面泛水防水层应是屋面完成面向上不小于 250mm； 种植屋面泛水防水层应是种植土面向上不小于 250mm； 6. 屋面防水层施工后，应尽快施工防水层的保护层
参考图示	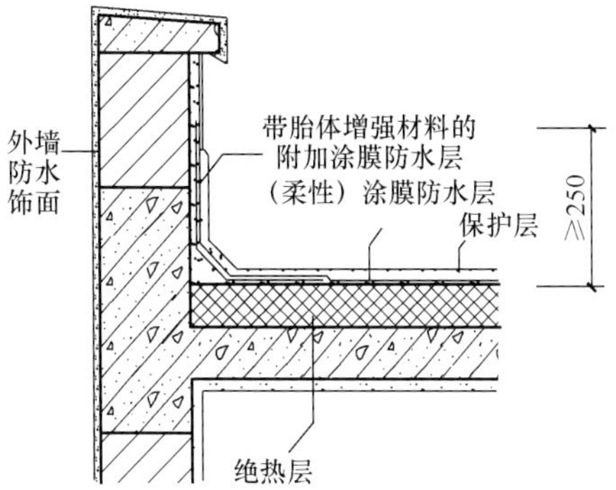 外墙 防水 饰面 带胎体增强材料的 附加涂膜防水层 （柔性）涂膜防水层 保护层 ≥250 绝热层 图 1-13 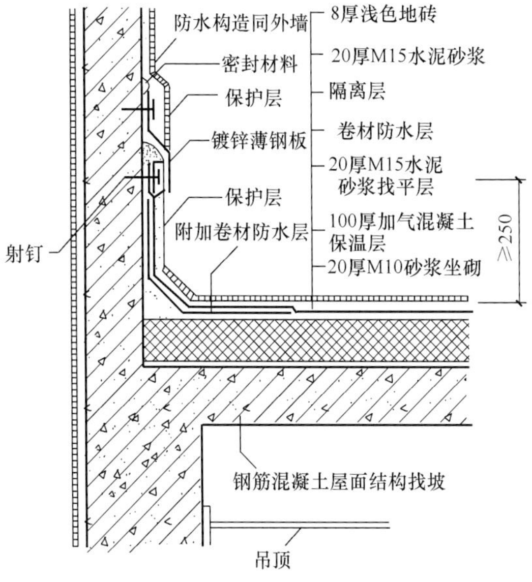 防水构造同外墙 密封材料 保护层 镀锌薄钢板 保护层 附加卷材防水层 射钉 8厚浅色地砖 20厚M15水泥砂浆 隔离层 卷材防水层 20厚M15水泥 砂浆找平层 100厚加气混凝土 保温层 20厚M10砂浆坐砌 ≥250 钢筋混凝土屋面结构找坡 吊顶 图 1-14

1.5 瓦屋面渗漏

质量常见问题	1. 瓦屋面板面渗漏； 2. 瓦屋面檐沟渗漏； 3. 瓦屋面烟道、山墙交接处渗漏
规范、标准相关规定	《屋面工程技术规范》GB 50345—2012 **4.8.3** 瓦屋面与山墙及突出屋面结构的交接处，均应做不小于 250mm 高的泛水处理。 **4.8.7** 在满足屋面荷载的前提下，瓦屋面持钉层厚度应符合下列规定： 3 持钉层为细石混凝土时，厚度不应小于 35mm。 **4.8.12** 烧结瓦和混凝土瓦铺装的有关尺寸应符合下列规定： 1 瓦屋面檐口挑出墙面的长度不宜小于 300mm； 2 脊瓦在两坡面瓦上的搭盖宽度，每边不应小于 40mm； 3 脊瓦下端距坡面瓦的高度不宜大于 80mm； 4 瓦头伸入檐沟、天沟内的长度宜为 50mm～70mm； 5 金属檐沟、天沟伸入瓦内的宽度不应小于 150mm； 6 瓦头挑出檐口的长度宜为 50mm～70mm； 7 突出屋面结构的侧面瓦伸入泛水的宽度不应小于 50mm。 **4.11.8** 烧结瓦、混凝土瓦屋面的瓦头挑出檐口的长度宜为 50mm～70mm。 **4.11.12** 烧结瓦、混凝土瓦屋面檐沟和天沟的防水构造，应符合下列规定： 1 檐沟和天沟防水层下应增设附加层，附加层伸入层面的宽度不应小于 500mm； 2 檐沟和天沟防水层伸入瓦内的宽度不应小于 150mm，并应与屋面防水层或防水垫层顺流水方向搭接； 3 檐沟防水层和附加层应由沟底翻上至外侧顶部，卷材收头应用金属压条钉压，并应用密封材料封严；涂膜收头应用防水涂料多遍涂刷。 **4.11.15** 山墙的防水构造应符合下列规定： 3 烧结瓦、混凝土瓦屋面山墙泛水应采用聚合物水泥砂浆抹成，侧面瓦伸入泛水的宽度不应小于 50mm。 **4.11.20** 烧结瓦、混凝土瓦屋面烟囱的防水构造，应符合下列规定： 1 烟囱泛水处的防水层或防水垫层下应增设附加层，附加层在平面和立面的宽度不应小于 250mm； 2 屋面烟囱泛水应采用聚合物水泥砂浆抹成； 3 烟囱与屋面的交接处，应在迎水面中部抹出分水线，并应高出两侧各 30mm

原因分析	1. 当瓦屋面上有保温层时，未设细石混凝土持钉层或持钉层厚度不符合规范要求，造成钉入到防水层，防水层遭到破坏而渗漏； 2. 檐沟内未做附加层，且伸入屋面的宽度不够且搭接错误，檐沟侧边收头不好，造成渗漏； 3. 烧结瓦伸入檐沟，天沟内的长度不够规范最小尺寸 50mm 未能形成滴水，屋面流水沿瓦边翻入屋面造成渗漏； 4. 当有保温层挡嵌的檐口防水层铺设不到边，瓦挑出檐口边长度不够，在内槽内未设泄水管； 5. 瓦屋面与山墙或突出屋面结构的相连处，泛水、防水构造施工不合格； 6. 瓦屋面烟囱根部的防水和泛水构造达不到规范要求，施工不精细造成渗漏； 7. 脊瓦在两坡屋面上的搭盖宽度不符合规范要求
防治措施及通用做法	1. 当瓦屋面上有保温层时，如要用钉固定顺水条或挂瓦条，必须设置厚度不小于 35mm 的细石混凝土持钉层，必要时应加 $\phi4@150$ 的钢筋网； 2. 檐沟内防水层下必须设附加层，且伸入屋面的宽度不得少于 500mm，并应沿顺水方向搭接； 3. 伸入檐沟或檐沟的瓦不少于 50mm 且不大于 70mm，并要求与檐边顺直一致，确保檐口形成一个滴水，不使水沿瓦底翻入屋面内； 4. 屋面檐口的防水层必须铺设到檐口边并做好收头，在檐口挡水坎的内槽内设 $\phi20$ 的 PVC 泄水管，管底应伸出混凝土板底 20mm 并做成斜口形，保证滴水效果； 5. 瓦屋面与山墙和突出屋面结构相连处，其防水层或附加层或防水垫层的搭接，泛水均不得少于 250mm，收头接口处采用聚合物水泥砂浆或聚合物防水水泥砂浆抹成 1/4 圆弧形，并保证侧面瓦伸入泛水的宽度不小于 50mm； 6. 出屋面烟囱泛水处的防水层下要增设附加层，并且附加层和平面、立面的连接宽度不小于 250mm； 7. 出屋面烟囱必须采用聚合物水泥砂浆粉抹烟囱的泛水，在迎水面中部抹出分水线，并应高出两侧不小于 30mm，烟囱二侧面应参照瓦屋面与山墙连接的构造做法施工； 8. 脊瓦在两坡面上的搭盖每边≥40mm

参考图示

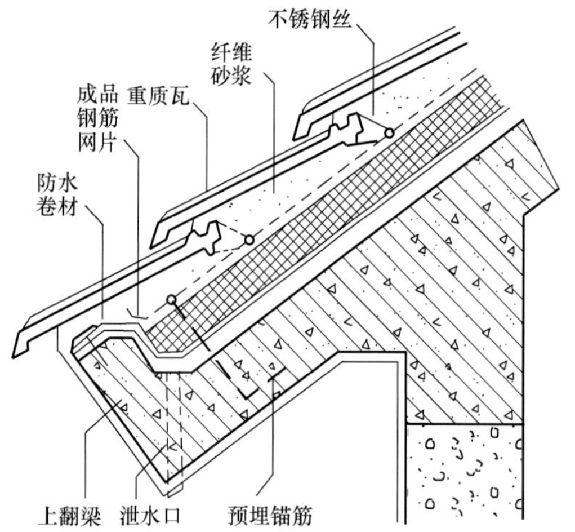

不锈钢丝
纤维
砂浆
成品
钢筋
网片
重质瓦
防水
卷材
上翻梁
泄水口
预埋锚筋

图 1-15

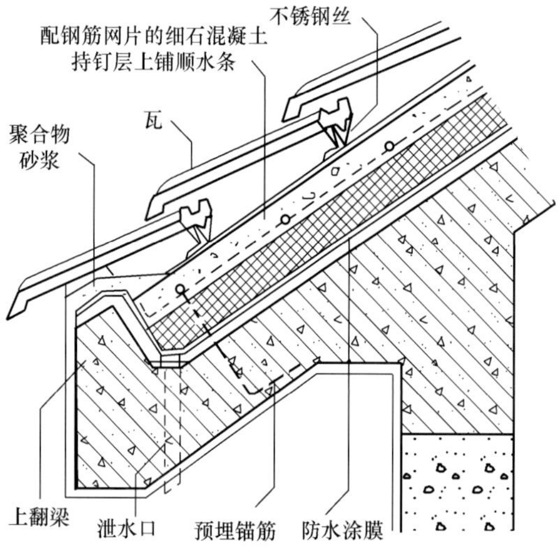

不锈钢丝
配钢筋网片的细石混凝土
持钉层上铺顺水条
瓦
聚合物
砂浆
上翻梁
泄水口
预埋锚筋
防水涂膜

图 1-16

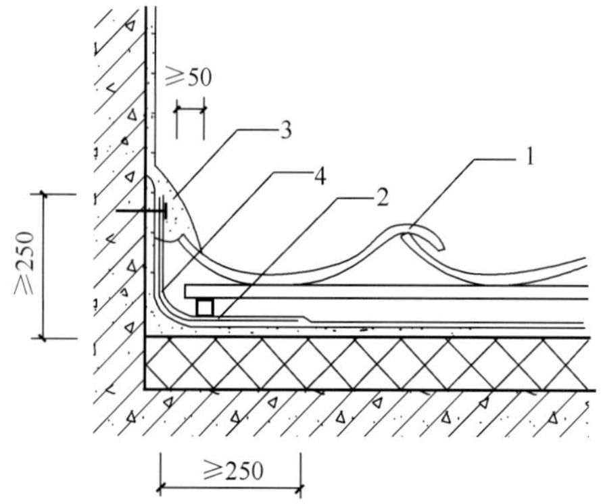

≥50
3
4
2
1
≥250
≥250

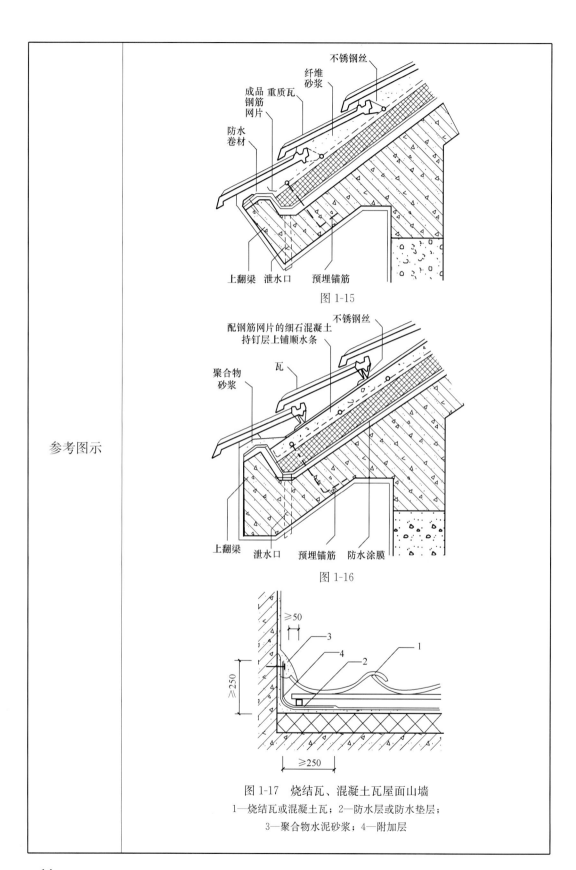

图 1-17　烧结瓦、混凝土瓦屋面山墙

1—烧结瓦或混凝土瓦；2—防水层或防水垫层；

3—聚合物水泥砂浆；4—附加层

参考图示

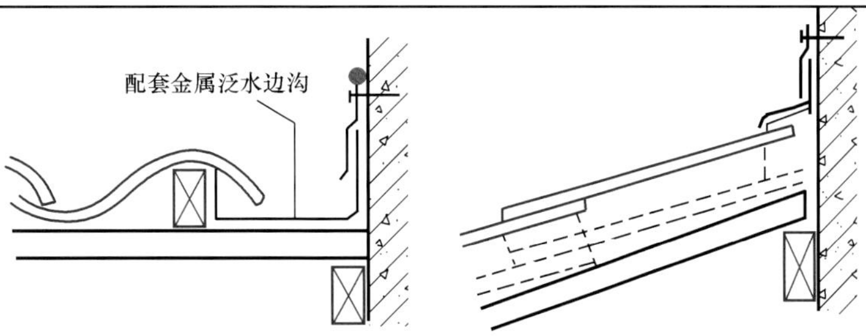
配套金属泛水边沟

图 1-18

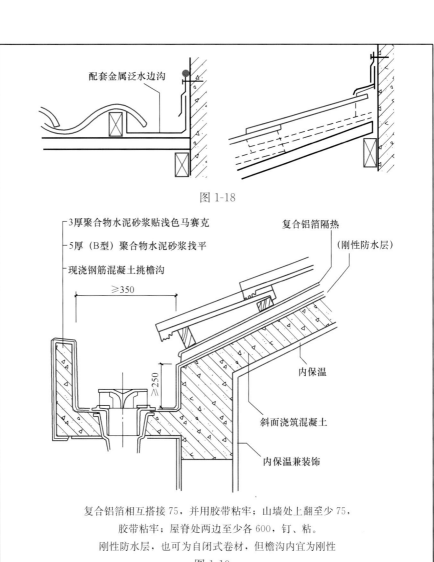

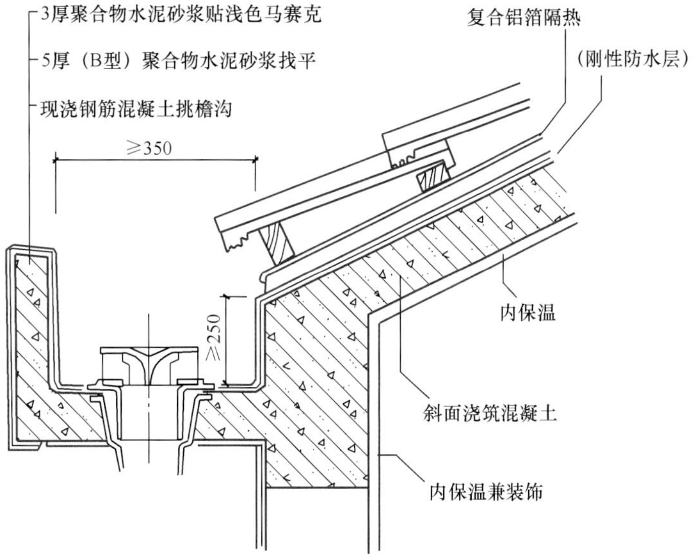
3厚聚合物水泥砂浆贴浅色马赛克
5厚（B型）聚合物水泥砂浆找平
现浇钢筋混凝土挑檐沟
≥350
≥250
复合铝箔隔热
（刚性防水层）
内保温
斜面浇筑混凝土
内保温兼装饰

复合铝箔相互搭接 75，并用胶带粘牢；山墙处上翻至少 75，
胶带粘牢；屋脊处两边至少各 600，钉、粘。
刚性防水层，也可为自闭式卷材，但檐沟内宜为刚性

图 1-19

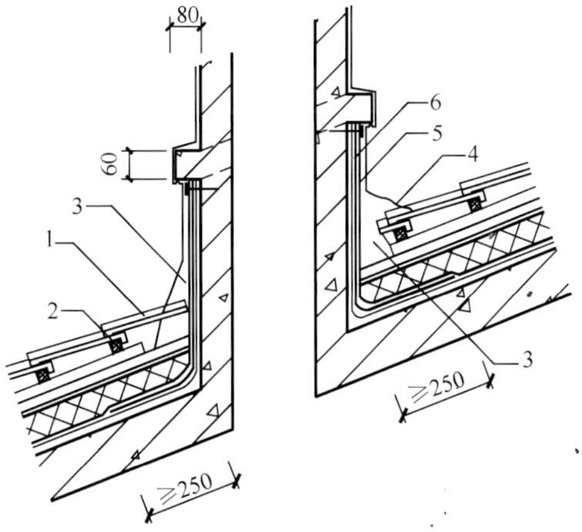
80
60
3
1
2
≥250
6
5
4
3
≥250

图 1-20　烧结瓦、混凝土瓦屋面烟囱

1—烧结瓦或混凝土瓦；2—挂瓦条；3—聚合物水泥砂浆；
4—分水线；5—防水层或防水垫层；6—附加层

1.6　正置式屋面渗漏

<table>
<tr><td>质量常见问题</td><td>1. 正置式屋面防水层受损渗漏；
2. 正置式屋面保温层热胀、损坏防水层引起渗漏；
3. 正置式屋面出入口渗漏；
4. 屋面变形缝渗漏</td></tr>
<tr><td>规范、标准相关规定</td><td>《屋面工程技术规范》GB 50345—2012

3.0.5　屋面防水工程应根据建筑物的类别、重要程度、使用功能要求确定防水等级，并应按相应等级进行防水设防；对防水有特殊要求的建筑屋面，应进行专项防水设计。屋面防水等级和设防要求应符合表3.0.5的规定。
表 3.0.5　屋面防水等级和设防要求
<table>
<tr><th>防水等级</th><th>建筑类别</th><th>设防要求</th></tr>
<tr><td>Ⅰ级</td><td>重要建筑和高层建筑</td><td>两道防水设防</td></tr>
<tr><td>Ⅱ级</td><td>一般建筑</td><td>一道防水设防</td></tr>
</table>
4.4.2　保温层设计应符合下列规定：
1　保温层宜选用吸水率低、密度和导热系数小，并有一定强度的保温材料；
7　封闭式保温层或保温层干燥有困难的卷材屋面，宜采取排汽构造措施。
4.5.4　复合防水层设计应符合下列规定：
1　选用的防水卷材与防水涂料应相容；
2　防水涂膜宜设置在防水卷材的下面；
3　挥发固化型防水涂料不得作为防水卷材粘结材料使用；
4　水乳型或合成高分子类防水涂膜上面，不得采用热熔型防水卷材；
5　水乳型或水泥基类防水涂料，应待涂膜实干后再采用冷粘铺贴卷材。
4.7.6　块体材料、水泥砂浆、细石混凝土保护层与女儿墙或山墙之间，应预留宽度为30mm的缝隙，缝内宜填塞聚苯乙烯泡沫塑料，并应用密封材料嵌填。
4.11.22　屋面水平出入口泛水处应增设附加层和护墙，附加层在平面上的宽度不应小于250mm；防水层收头应压在混凝土踏步下</td></tr>
<tr><td>原因分析</td><td>1. 屋面防水设计不符合规范防水等级要求，且二道防水层材料不相容，错误地将涂料做在卷材上；
2. 选用的保温材料吸水率、密度、强度和导热系数不符合规范要求；
3. 为赶工期，在保温层没有干燥的情况下施工了防水层，并未采取排气构造措施，导致保温层内水气排不出，造成屋面鼓起、开裂、渗漏；
4. 防水层施工后未及时施工保护层，造成防水层鼓起、开裂、老化；
5. 屋面出入口做法不符合规范要求，踏步受力后防水层被拉裂断开，产生渗漏；</td></tr>
</table>

原因分析	6. 屋面、块体材料、细石混凝土保护层与女儿墙或山墙之间，缝与缝之间未按规范设伸缩缝或嵌填材料及施工不合格造成渗漏； 7. 屋面使用中增加设备支架等，破坏了原防水层引起渗漏； 8. 水落口中、排气管根部防水密封有缺陷，引起渗漏
防治措施及通用做法	1. 屋面防水层等级设计应符合规范要求，如采用二道防水层；两种材料应相容； 2. 在不能保证保温材料干燥的情况下施工，应设置排气孔槽构造措施； 3. 当屋面有出入口时，必须保证室内外之间的防水层有充分的变形措施，确保不拉断； 4. 当屋面有块料面层或细石混凝土保护层时，应沿墙边及整体面层按不大于 4m 间距设缝，缝距和缝宽及嵌填构造必须符合规范要求，密封材料采用单组分聚氨酯建筑密封胶； 5. 防水层施工后及时施工保护层，并设无纺布隔离层； 6. 加强屋面维护，屋面上增设支架时，应提前做好防渗漏方案，并由专业防水公司及时修补完善
参考图示	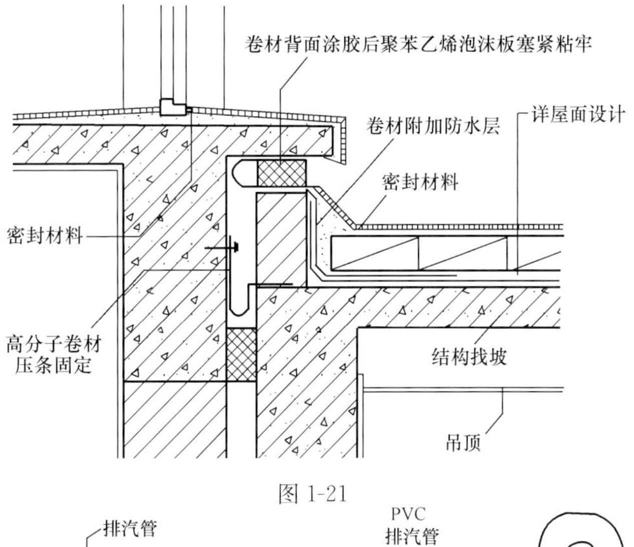 卷材背面涂胶后聚苯乙烯泡沫板塞紧粘牢 卷材附加防水层 详屋面设计 密封材料 密封材料 高分子卷材压条固定 结构找坡 吊顶 图 1-21 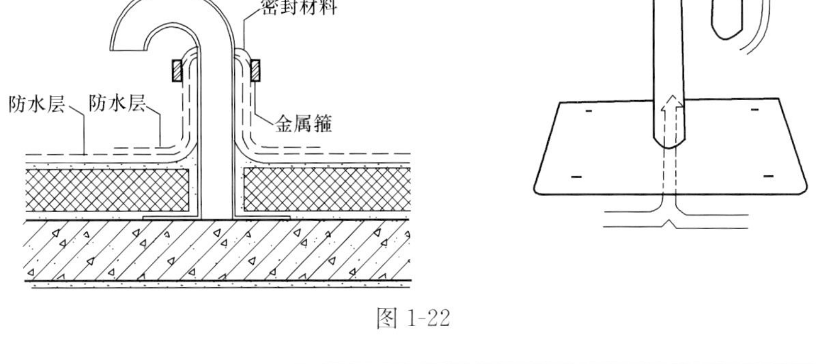 排汽管 密封材料 防水层 防水层 金属箍 PVC 排汽管 图 1-22

1.7 种植屋面渗漏

<table>
<tr><td>质量常见问题</td><td>1. 种植屋面防水层渗漏；
2. 种植屋面女儿墙、种植土挡墙渗漏；
3. 种植屋面变形缝渗漏</td></tr>
<tr><td>规范、标准相关规定</td><td>《种植屋面工程技术规程》JGJ 155—2013
3.4.3 种植屋面防水工程竣工后，平屋面应进行 48h 蓄水检验，坡屋面应进行 3h 持续淋水检验。
5.1.8 种植屋面防水层应采用不少于两道防水设防，上道应为耐根穿刺防水材料；两道防水层应相邻铺设且防水层的材料应相容。
5.8.2 防水层的泛水高度应符合下列规定：
1 屋面防水层的泛水高度高出种植土不应小于 250mm。
5.8.5 变形缝的设计应符合现行国家标准《屋面工程技术规范》GB 50345 的规定。变形缝上不应种植，变形缝墙应高于种植土，可铺设盖板作为园路。
6.1.6 种植屋面用防水卷材长边和短边的最小搭接宽度均不应小于 100mm。
《屋面工程技术规范》GB 50345—2012
4.11.14 女儿墙的防水构造应符合下列规定：
1 女儿墙压顶可采用混凝土或金属制品。压顶向内排水坡度不应小于 5%，压顶内侧下端应作滴水处理；
2 女儿墙泛水处的防水层下应增设附加层，附加层在平面和立面的宽度均不应小于 250mm；
3 低女儿墙泛水处的防水层可直接铺贴或涂刷至压顶下，卷材收头应用金属压条钉压固定，并应用密封材料封严；涂膜收头应用防水涂料多遍涂刷；
4 高女儿墙泛水处的防水层泛水高度不应小于 250mm，防水层收头应符合本条第 3 款的规定，泛水上部的墙体应作防水处理</td></tr>
<tr><td>原因分析</td><td>1. 种植屋面未按Ⅰ级设防设置为二道防水，或二层相邻防水材料材性不相容，不能有效地形成复合防水层，即使做了二道防水但不是相邻复合；
2. 防水卷材长边、短边搭接长度达不到 100mm，且搭接不密实；</td></tr>
</table>

原因分析	3. 防水层施工好后，平屋面未进行 48h 蓄水检验，斜屋面未做 3h 连续淋水试验； 4. 屋面防水层泛水未能超出种植土高度 250mm； 5. 防水卷材收头构造不符合规范要求； 6. 女儿墙上部未按外墙要求做防水层； 7. 变形缝墙和种植土标高一样高或低于种植土顶面造成渗漏； 8. 耐根穿刺防水层材质不符合规范要求
防治措施及通用做法	1. 当屋面为种植屋面时，必须为Ⅰ级设防，不少于二层防水，并选用二层材性相容的材料进行复合，其上层必须是符合《种植屋面用耐根穿刺防水卷材》JC/T 1075 的规定且有具有资质的检测机构出具的合格检验报告的卷材。且搭接长度应严格检查，不得小于 100mm，并要求搭接牢固、密实； 2. 防水层施工完成后，平屋面必须进行 48h 蓄水试验，斜屋面应进行大于 3h 的连续喷淋检验，或经过一场大雨的检验，无渗漏方可进行上部构造层的施工； 3. 当屋面为种植屋面时，挡墙泛水防水层必须高出种植土≥250mm，并做好卷材在侧墙上的收头和上部墙身的防水层； 4. 种植层面变形缝墙必须高于种植土，并应按《屋面工程技术规范》GB 50345 构造要求做好变形缝的防水，变形缝上严禁覆土种植，在变形缝墙上铺设可以上人盖板； 5. 种植屋面安装设备且有破坏原防水层时，应提前做好施工方案。并由专业防水公司及时进行修补
参考图示	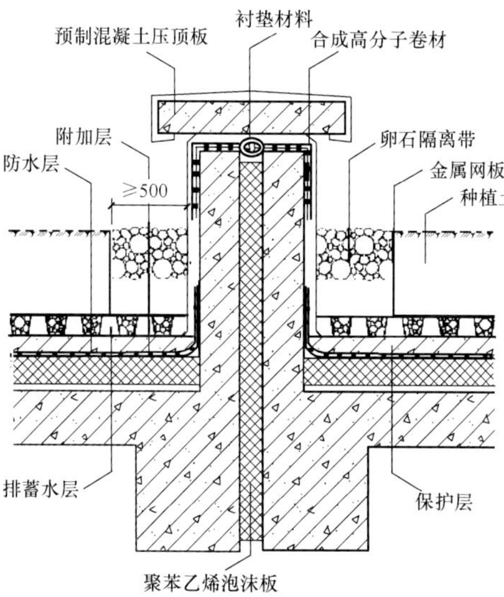衬垫材料 预制混凝土压顶板 合成高分子卷材 附加层 卵石隔离带 防水层 金属网板 ≥500 种植土层 排蓄水层 保护层 聚苯乙烯泡沫板 图 1-23

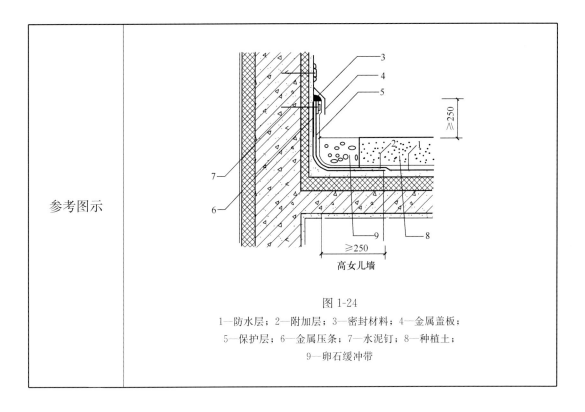

参考图示	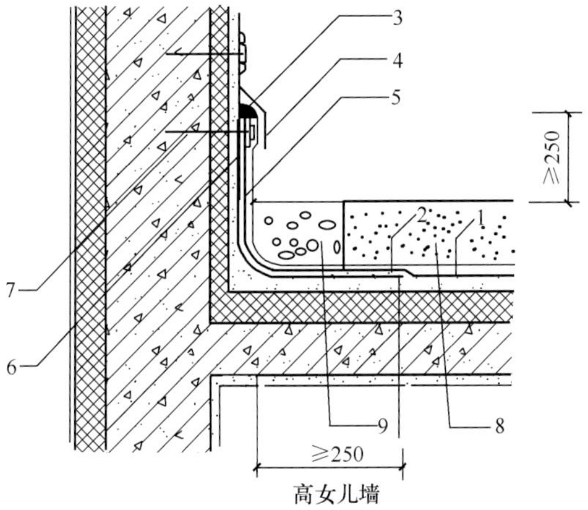3 4 5 ≥250 2 1 7 6 9 8 ≥250 高女儿墙 图 1-24 1—防水层；2—附加层；3—密封材料；4—金属盖板；5—保护层；6—金属压条；7—水泥钉；8—种植土；9—卵石缓冲带

第二章　外　墙　工　程

2.1　小型砌块外墙开裂及渗漏

质量常见问题	1. 小型砌块外墙在混凝土梁下、楼板交接处出现开裂及渗漏；小型砌块外墙面出现竖向通缝开裂； 2. 小型砌块外墙与混凝土结构墙柱交接处开裂而渗漏；外墙转角处开裂渗漏；外墙不同材料交接处出现开裂
规范、标准相关规定	《建筑外墙防水工程技术规程》JGJ/T 235—2011 **5.1.4**　不同结构材料的交接处应采用每边不少于 150mm 的耐碱玻璃纤维网布或热镀锌电焊网作抗裂增强处理。 《砌体结构工程施工质量验收规范》GB 50203—2011 **9.2.2**　填充墙砌体应与主体结构可靠连接，其连接构造应符合设计要求，未经设计同意，不得随意改变连接构造方法。 **9.2.3**　填充墙与承重混凝土墙、柱、梁的连接钢筋，当采用化学植筋的连接方式时，应进行实体检测。锚固钢筋拉拔试验的轴向受拉非破坏承载力检验值应为 6.0kN。 **9.3.4**　砌筑填充墙时应错缝搭砌，蒸压加气混凝土砌块搭砌长度不应小于砌块长度的 1/3；轻骨料混凝土小型空心砌块搭砌长度不应小于 90mm；竖向通缝不应大于 2 皮
原因分析	1. 设计： 未按规范要求在不同材料交接部位设置热镀锌电焊网，或者网格尺寸过大、钢丝直径太细。 2. 施工： （1）小型砌块外墙与混凝土结构墙、柱未设置拉结筋，或拉结筋粘结强度不够； （2）小型砌块外墙与混凝土结构墙柱在抹灰前未按设计设置热镀锌电焊网； （3）小型砌块外墙组砌方式不符合规范要求，出现通缝； （4）小型砌块外墙砌筑砂浆饱满度达不到规范要求； （5）小型砌块外墙砌体顶砖砌筑过早，灰缝砂浆沉降后，梁下交接处出现裂缝。

原因分析	3. 材料： （1）小型砌块龄期不够，砌筑后产生较大的收缩裂缝； （2）砂浆和易性差或强度不足； （3）热镀锌网不符合设计要求，网格大、钢丝细
防治措施及通用做法	1. 小型砌块外墙应在结构施工时预留拉结筋，如采用后植筋的方式，其拉拔强度不低于 6kN； 2. 小型砌块外墙在抹灰前，在砌块与混凝土结构处宜采用宽度 200mm 的高分子咬合型接缝带进行密封处理，应满挂 20mm×20mm×0.8mm 热镀锌电焊网，并与混凝土结构搭接长度不小于 150mm； 3. 小型砌块外墙的砌体应坐浆饱满，水平及垂直灰缝饱满度应不小于 80%； 4. 小型砌块外墙顶部梁下，应预留 180～200mm 的空隙，再将其补砌顶紧，其间隔时间不少于 14d，补砌顶砖应采用配套砌块或定型混凝土三角块砌筑；在外墙与顶梁接缝处宜采用宽度 200mm 的高分子咬合型接缝带进行密封处理； 5. 砂浆应配合比准确，保证有足够的搅拌时间，预拌砂浆应根据现场实际需要进料，以免放置时间过长，影响强度及流动性； 6. 小型砌块必须错缝搭接，错缝宽度及搭接小于 150mm 时，应在每皮砌块的水平缝处采用 2ϕ6 或 ϕ4 钢筋网片连接加固； 7. 植筋胶进场后应检查质量保证书，并在现场做植筋工艺检验，确定植筋孔径、孔深满足要求，植筋过程中应加强清孔并保证植筋胶饱满
参考图示	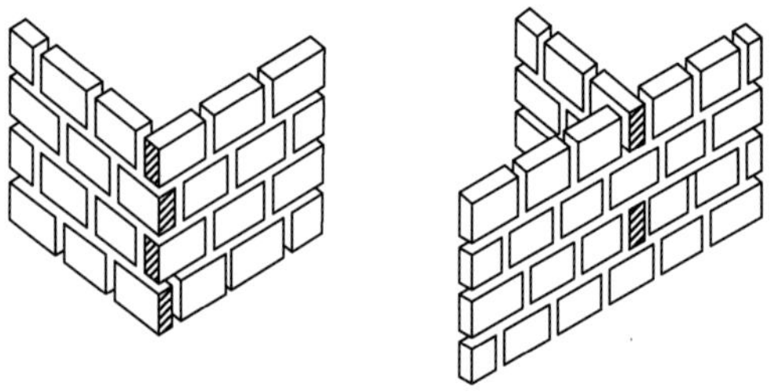 (*a*)　(*b*) 图 2-1　蒸压加气混凝土砌块墙的转角和交接 （*a*）转角；（*b*）交接 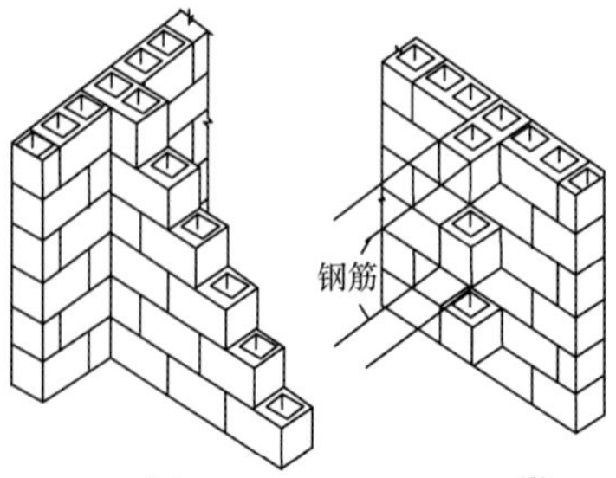 钢筋 (*a*)　(*b*) 图 2-2　混凝土小型空心砌块砌体斜槎和直槎 （*a*）斜槎；（*b*）直槎

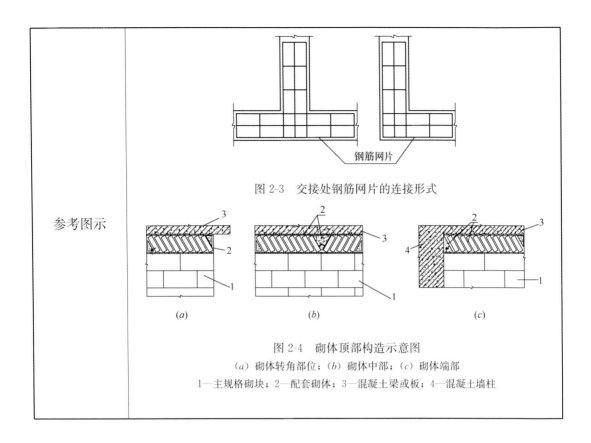

参考图示	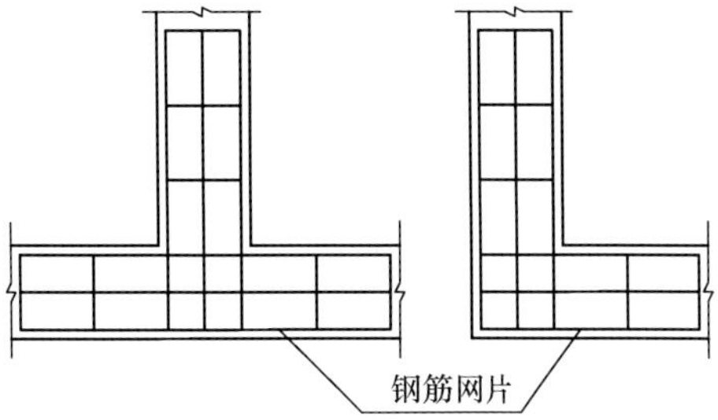 钢筋网片 图 2-3　交接处钢筋网片的连接形式 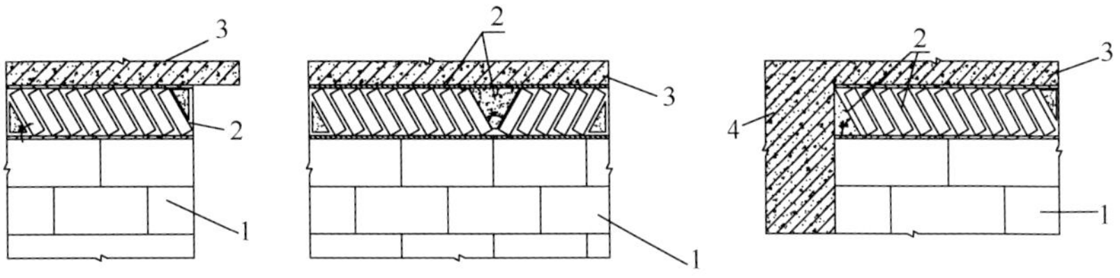 1 2 3 4 (*a*)　(*b*)　(*c*) 图 2-4　砌体顶部构造示意图 (*a*) 砌体转角部位；(*b*) 砌体中部；(*c*) 砌体端部 1—主规格砌块；2—配套砌体；3—混凝土梁或板；4—混凝土墙柱

2.2　钢筋混凝土墙脚手架孔洞、外墙螺栓孔处渗漏

质量常见问题	钢筋混凝土外墙固定模板的螺栓孔处出现渗漏
规范、标准相关规定	《抹灰砂浆技术规程》JGJ/T 220—2010 **6.2.2**　门窗框周边缝隙和墙面其他孔洞的封堵应符合下列规定： 1　封堵缝隙和孔洞应在抹灰前进行； 2　门窗框周边缝隙的封堵应符合设计要求，设计未明确时，可用 M20 以上砂浆封堵严实； 3　封堵时，应先将缝隙和孔洞内的杂物、灰尘等清理干净，再浇水湿润，然后用 C20 以上混凝土封堵严实
原因分析	1. 钢筋混凝土外墙面存在大量的螺栓孔，是混凝土外墙的主要渗漏点，固定模板用对拉螺栓洞口杂物清理不干净、塞填不实，封堵材料干燥后，孔壁与填充材料不能形成一个整体，而是在交接面上留有细微裂缝；外墙面抹灰后螺栓孔位置偏厚，易形成收缩裂缝，内外裂缝贯通形成渗漏通路；

原因分析	2. 个别螺栓孔未堵塞； 3. 脚手架孔洞采用干砖封堵或封堵砂浆不饱满，形成渗水通道； 4. 脚手架孔洞封堵后未等细石混凝土或砂浆终凝干缩完成就开始抹灰，出现收缩不均匀而形成裂缝
防治措施及通用做法	1. 脚手架孔等孔洞进行修补应用 C25 无收缩细石混凝土（或砂浆）堵塞密实，表面比墙面低 20mm，并刷 2.0mm 厚聚合物防水涂料（宽出洞边 100mm）；外墙抹灰预先封抹凹入处与墙平齐，并刷一道界面剂。宜贴高分子咬合型接缝带，接缝带应完全覆盖脚手架孔等孔洞。 2. 穿墙螺栓洞宜按以下步骤进行封堵： （1）用冲击钻清除螺杆内 PVC 等套管，将孔内杂物清除干净； （2）用冲击钻在外墙外侧进行扩孔处理，扩孔外径不小于 30mm，扩孔深度不小于 40mm，并形成喇叭形孔洞； （3）清理完成后进行洒水湿润，先用 M20 水泥砂浆或细石混凝土（掺膨胀剂）进行嵌实，外墙预留不小于 30mm； （4）隔日在墙外侧表面用 M20 聚合物水泥防水砂浆补平，宜贴高分子咬合型接缝带，接缝带应完全覆盖螺栓孔
参考图示	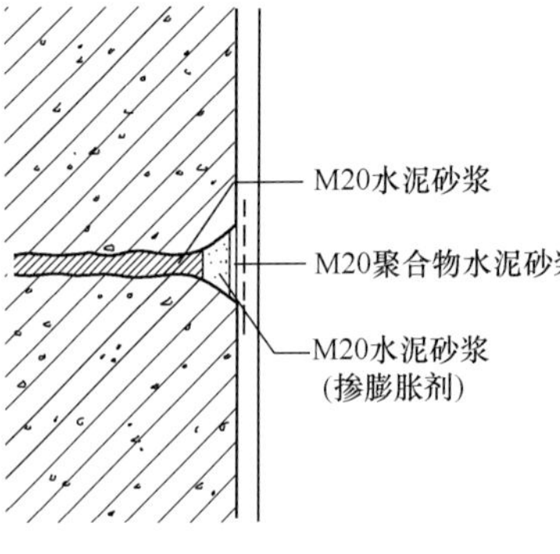M20水泥砂浆 M20聚合物水泥砂浆 M20水泥砂浆 (掺膨胀剂) 图 2-5

2.3 雨篷根部开裂及渗漏

质量常见问题	1. 雨篷根部混凝土结构开裂及产生渗漏； 2. 雨篷顶面无泛水坡度，根部长时间积水产生渗漏
规范、标准相关规定	《混凝土结构工程施工质量验收规范》GB 50204—2015 **4.1.3** 模板及支架拆除时，混凝土要达到设计要求，应符合《混凝土结构工程施工规范》GB 50666—2011 中表 4.5.2（悬臂结构底模拆除时，混凝土立方体试件抗压强度应达到设计混凝土强度等级值的 100%）的规定。

规范、标准相关规定	《建筑外墙防水工程技术规程》JGJ/T 235—2011 **5.3.2** 雨篷应设置不小于1%的外排水坡度，外口下沿应做滴水线；雨篷与外墙交接处的防水层应连续；雨篷防水层应沿外口下翻至滴水线
原因分析	1. 设计： （1）钢筋混凝土配筋错误，部分主筋设置在雨篷板底或雨篷配筋不足，雨篷混凝土浇筑拆模后出现雨篷根部开裂； （2）雨篷上部未设计防水层，雨篷板设计无泛水或泛水过小。 2. 施工： （1）悬挑结构的受力钢筋图纸设计在上部，施工时错放至下层或钢筋绑扎后被踩踏，导致上部钢筋保护层过大，导致雨篷开裂而出现渗漏； （2）雨篷混凝土强度不满足设计要求或混凝土浇筑后拆模过早，根部出现裂缝； （3）雨篷混凝土振捣不密实，出现蜂窝、孔洞而渗漏； （4）外墙防水层在雨篷根部未连续，雨篷未设置向外的排水坡度，甚至有外高内低倒泛水的现象
防治措施及通用做法	1. 雨篷钢筋绑扎应严格按设计图纸施工，并应按规范设置钢筋马凳，使雨篷钢筋位置准确，保护层满足设计要求，确保受力合理； 2. 混凝土雨篷浇筑时，应认真振捣密实； 3. 雨篷混凝土浇筑后拆模时间应待混凝土强度达到100%； 4. 外墙防水层应与雨篷防水层保持连续，阴阳角处采用宽度200mm的高分子咬合型接缝带做加强层，抹灰或面砖镶贴应保证外低内高的泛水坡度，坡度不小于1%
参考图示	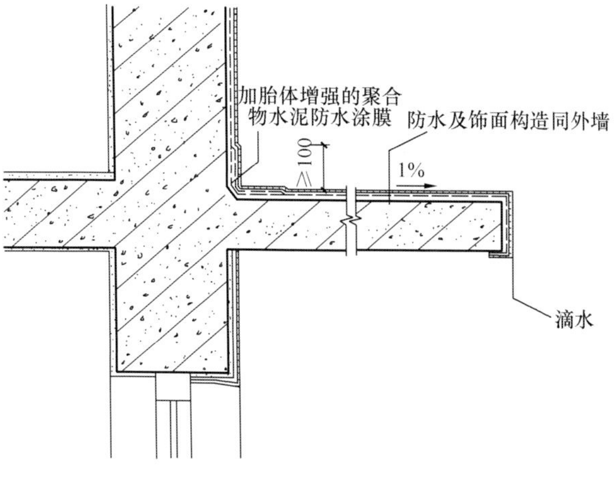 加胎体增强的聚合物水泥防水涂膜 防水及饰面构造同外墙 ≥100 1% 滴水 图2-6　雨篷防水构造

参考图示	 图 2-7　雨篷实体照片

2.4　穿外墙的设备套管处渗漏水

质量常见问题	1. 穿墙管道与墙接缝处渗漏； 2. 雨水在风压作用下从穿墙管流入室内
规范、标准相关规定	《建筑外墙防水工程技术规程》JGJ/T 235—2011 **5.3.5**　穿过外墙的管道宜采用套管，套管应内高外低，坡度不应小于5%，套管周边应作防水密封处理
原因分析	1. 设计： 设计图纸只标注穿墙管道的位置，未要求管道按外低内高进行设置。 2. 施工： (1) 穿外墙的套管周边未嵌防水密封材料； (2) 管道套管外高内低，或未设置外低内高的坡度； (3) 管道与套管之间填缝砂浆不密实。 3. 材料： 管道周边建筑密封胶老化
防治措施及通用做法	1. 穿墙管安装后，穿墙管穿过套管孔洞的缝隙应用聚合物防水砂浆（掺膨胀剂）填嵌密实； 2. 套管与混凝土墙身之间的缝隙应剔凿成V形凹槽，并在凹槽内涂刷基层处理剂，填嵌单组分聚氨酯建筑防水密封材料； 3. 建筑防水密封胶应选耐老化的材料； 4. 套管埋设时，应保证内高外低，坡度≥5%

参考图示	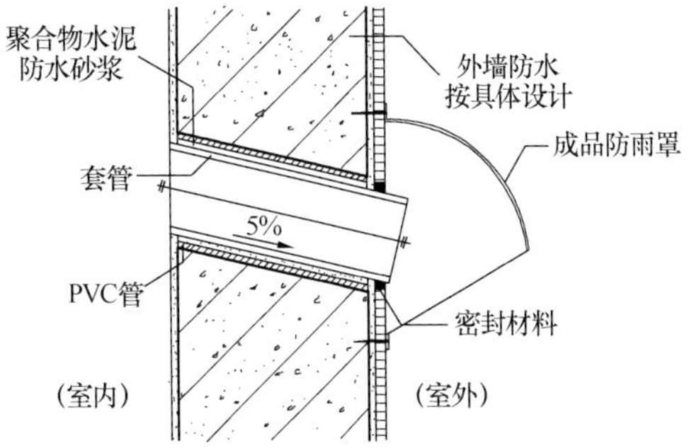聚合物水泥 防水砂浆 外墙防水 按具体设计 成品防雨罩 套管 5% PVC管 密封材料 （室内） （室外） 图 2-8

2.5 外墙砌块墙体抹灰层空鼓、开裂、渗漏

质量常见问题	砌体外墙抹灰出现空鼓、开裂、脱落、渗漏
规范、标准相关规定	《抹灰砂浆技术规程》JGJ/T 220—2010 **6.2.4** 外墙抹灰应在冲筋 2h 后再抹灰，并应先抹一层薄灰，且应压实并覆盖整个基层，待前一层六七成干时，再分层抹灰、找平。每层每次抹灰厚度宜为 5mm～7mm，如找平有困难需增加厚度，应分层分次逐步加厚。抹灰总厚度大于或等于 35mm 时，应采取加强措施，并应经现场技术负责人认定。 《建筑装饰装修工程质量验收标准》GB 50210—2018 **4.2.2** 抹灰前基层表面的尘土、污垢和油渍等应清除干净，并应洒水润湿或进行界面处理。 **4.2.3** 抹灰工程应分层进行。当抹灰总厚度大于或等于 35mm 时，应采取加强措施。不同材料基体交接处表面的抹灰，应采取防止开裂的加强措施，当采用加强网时，加强网与各基体的搭接宽度不应小于 100mm
原因分析	1. 设计： （1）不同材料交接处未要求设置热镀锌电焊网，温差导致基层不均匀收缩而出现裂缝； （2）外墙抹灰砂浆设计强度偏低。 2. 施工： （1）抹灰层与基层粘结不够牢固，导致脱层、空鼓、开裂； （2）基层干燥，界面处理不当，抹上去的砂浆层由于基层大量吸收水分，形成砂浆过早失水导致抹灰开裂、空鼓；

<table>
<tr><td>原因分析</td><td>(3) 抹灰过厚，没有按规范要求增挂加强钢丝网，没有按要求分层抹灰，砂浆层由于内湿外干而引起表面干缩裂缝；
(4) 砌块与钢筋混凝土构件的接缝处以及砌块墙面管线开槽走线的位置，没有按规定在交接处、开槽位置上铺钉热镀锌电焊网，直接抹灰，出现裂缝</td></tr>
<tr><td>防治措施及通用做法</td><td>1. 墙身抹灰的基层应用素水泥浆（水泥细砂浆）甩毛，并进行湿润养护，或采用具有较强粘结力和封水性能好的聚合物水泥浆作界面剂（如素水泥浆内掺 3%～5%白乳胶），界面剂处理后，随即进行底层砂浆抹灰；
2. 应采用分层抹灰，以消除抹灰面表层的干缩裂缝；
3. 砌块与钢筋混凝土构件的接缝处除设置足够的拉结筋外，在抹灰前应在砌块加钉镀锌钢丝网，在砌块墙面开槽走线的地方也应加钉 20mm×20mm×0.8mm 的热镀锌电焊网，每边宽度≥150mm；或粘贴宽度 200mm 的高分子咬合型接缝带；
4. 涂料外墙抹灰砂浆强度应不低于 M15，拉拔试验强度应不低于 0.25MPa</td></tr>
<tr><td>参考图示</td><td>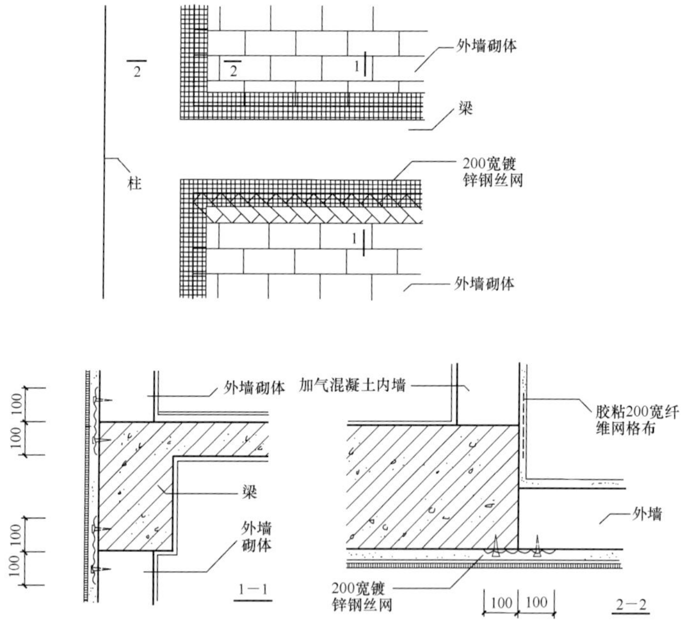
外墙砌体
梁
200宽镀锌钢丝网
柱
外墙砌体
加气混凝土内墙
胶粘200宽纤维网格布
外墙
1—1
2—2
100 100
图 2-9
注：
1. 外墙砌体外侧与混凝土梁板柱相接处均应加 200mm 宽镀锌钢丝网并用射钉（用于混凝土）或钢钉（用于砌体）固定，@约 300mm。
2. 混凝土空心砌块外墙：
a. 底部砌块坐浆砌筑并用 C15 混凝土填实，顶部砌块用封底砌块倒砌，并用斜砖挤浆顶砌。
b. 镀锌钢丝网也可用纤维布代替（不用钉）</td></tr>
</table>

2.6 外墙饰面砖空鼓、松动、脱落、开裂、渗漏

质量常见问题	外墙饰面砖空鼓、松动、脱落、开裂、渗漏
规范、标准相关规定	《建筑装饰装修工程质量验收标准》GB 50210—2018 **10.1.8** 饰面砖工程的防震缝、伸缩缝、沉降缝等部位的处理应保证缝的使用功能和饰面的完整性。 **10.3.5** 外墙饰面砖工程应无空鼓、裂缝。 《建筑防水工程技术规程》DBJ 15—19—2020 **6.7.1** 外墙找平层施工前，应对墙面进行检查，并作如下处理： 1 清除表面松散物，修平凸出部分，填补凹入缺陷； 2 按设计要求铺挂加强网。当设计无规定时，应在外墙面混凝土梁、墙（板）、柱与砌体之间铺挂加强网，每侧网宽不应小于150mm
原因分析	1. 设计： （1）面砖基层的砂浆找平层设计强度偏低，设计未采用面砖胶粘剂粘贴，致使找平层与面砖之间粘结强度不够； （2）有外保温层时，设计采用面砖饰面，容易造成粘结空鼓、脱落。 2. 施工： （1）外墙基层没有清理干净、未淋水湿润，界面处理不当，导致抹灰层空鼓、开裂； （2）外墙找平层一次成活，抹灰层过厚，出现空鼓、开裂、下坠、砂眼、接槎不严实，成为藏水空隙、渗水通道； （3）外墙砖粘贴前找平层及饰面砖未经淋水湿润，粘贴砂浆失水过快，影响粘结质量； （4）饰面砖粘贴时粘贴砂浆没有满铺，仅靠手工挤压上墙，尤其砖块的周边，特别是四个角位的砂浆不饱满，留下渗水空隙和通道； （5）粘贴或灌浆砂浆强度低、干缩量大、粘结强度差； （6）砖缝不能防水，雨水易入侵，砖块背面的粘结层基体发生干湿循环，削弱砂浆的粘结力。 3. 材料： （1）外墙面砖粘结料强度不足； （2）砂浆强度不足
防治措施及通用做法	1. 找平层应具有独立的防水能力，找平层抹灰前可在基面涂刷一层界面剂，以提高界面的粘结力，并按设计要求在外墙面的基层里铺挂加强网；

<table>
<tr><td>防治措施及通用做法</td><td>2. 外墙面抹灰找平层至少要求两遍成活，并且养护不少于 3d，在粘贴墙砖之前，将基层空鼓、开裂的部位处理好，确保找平层的粘贴强度和防水质量；
3. 镶贴面砖前，砂浆基层、面砖背面必须清理干净，用水充分湿润，待表面阴干至无水迹时，即可涂刷界面处理剂随刷随贴，粘贴砂浆宜采用配套的专用胶粘剂或聚合物水泥砂浆；
4. 外墙砖接缝宽度宜为 6mm～8mm，不得采用密缝粘贴；
5. 外墙砖勾缝应饱满、密实，无裂纹，选用具有抗渗性能和收缩率小的材料勾缝，如采用水泥基料的外墙砖专用勾缝材料，其稠度小于 50mm，将砖缝填满压实，待砂浆泌水后再进行勾缝，确保勾缝的施工质量；
6. 因轻质保温材料与砂浆的粘结强度不够，设计有外保温系统时，建议不采用外墙面砖饰面；
7. 外墙面砖的基层，其找平层的砂浆强度应不低于 M15，面砖镶贴后应做拉拔试验，其强度不低于 0.4MPa</td></tr>
<tr><td>参考图示</td><td>
图 2-10　外墙面砖镶贴

图 2-11　外墙面砖勾缝平面示意</td></tr>
</table>

参考图示	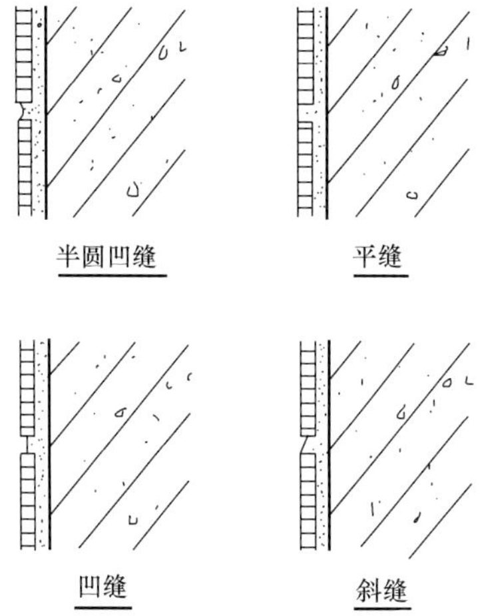 半圆凹缝 平缝 凹缝 斜缝 图 2-12

2.7 外墙变形缝处渗漏水

质量常见问题	外墙变形缝出现渗漏，雨水进入室内
规范、标准相关规定	《建筑外墙防水工程技术规程》JGJ/T 235—2011 **5.3.4** 变形缝部位应增设合成高分子防水卷材附加层，卷材两端应满粘于墙体，满粘的宽度不应小于150mm，并应钉压固定；卷材收头应用密封材料密封
原因分析	1. 设计： 变形缝设计盖板为平直型，不能充分适应建筑物变形。 2. 施工： （1）变形缝盖板不能充分适应变形（盖板平直且两端固定）拉伸，建筑物变形后直接将盖板与墙固定处的盖板拉裂而渗漏； （2）变形缝固定锚栓处未用密封胶密封，雨水从锚栓孔处渗入； （3）变形缝与墙缝处未用密封胶密封，雨水从缝两侧渗入。 3. 材料： 密封材料质量差，耐久性不好，使用不久就开始变质，失去防水功能
防治措施及通用做法	1. 变形缝处的防水卷材或金属盖板应做成V形槽或U形槽，使其能适应结构变形； 2. 固定变形缝不锈钢板（或铝板）的锚栓处采用聚氨酯建筑密封胶密封，密封胶应采用合格材料，进场后应检查其质保书，并抽样送检，合格后方可使用；

防治措施及通用做法	3. 盖板前在接缝上粘贴200mm宽高分子咬合型接缝带；盖板在变形缝两侧与外墙饰面层之间采用单组分聚氨酯建筑密封胶密封； 4. 变形缝内残留的建筑垃圾应清理干净，确保建筑物能自由变形
参考图示	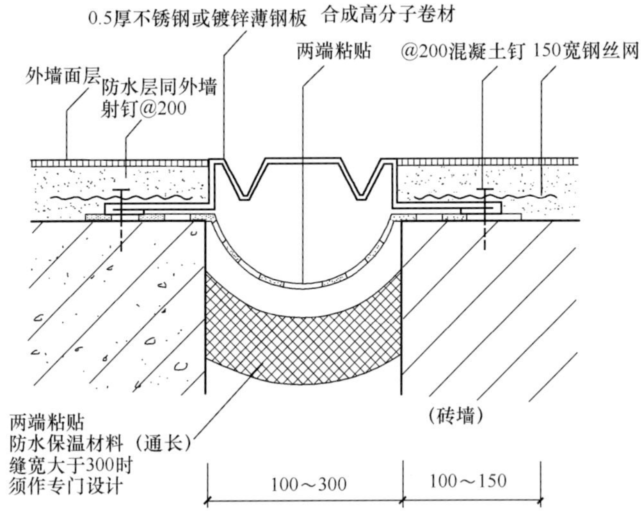 0.5厚不锈钢或镀锌薄钢板 合成高分子卷材 两端粘贴 @200混凝土钉 150宽钢丝网 外墙面层 防水层同外墙 射钉@200 两端粘贴 防水保温材料（通长） 缝宽大于300时 须作专门设计 (砖墙) 100～300 100～150 图2-13　变形缝防水构造  图2-14　变形缝实景

2.8 外墙铝合金门窗渗漏

质量常见问题	1. 铝窗框与窗洞墙体的连接处、铝窗两边竖梃与下滑连接处、组合窗竖梃与横杆拼接处的缝隙渗漏； 2. 铝窗导轨、安装紧固螺钉孔、纵横窗框构件拼装部位渗漏； 3. 铝窗框与墙面接缝处、窗台发生渗漏

规范标准相关规定	《铝合金门窗工程技术规范》JGJ 214—2010 **4.5.3** 铝合金门窗水密性能构造设计宜采取下列措施： 1 在门窗水平缝隙上方设置一定宽度的披水条； 2 下框室内侧翼缘设计有足够高度的挡水槽； 3 合理设置门窗排水孔，保证排水系统的畅通； 4 对门窗型材构件连接缝隙、附件装配缝隙、螺栓、螺钉孔采取密封防水措施； 5 提高门窗杆件刚度，采用多道密封和多点锁紧装置，加强门窗可开启部分密封防水性能； 6 门窗框与洞口墙体的安装间隙进行防水密封处理，窗下框与洞口墙体之间设置披水板。 **4.5.4** 铝合金门窗洞口墙体外表面应有排水措施，外墙窗楣应做滴水线或滴水槽，窗台面应做成流水坡度，滴水槽的宽度和深度均不应小于10mm。建筑外窗宜与外墙外表面有一定距离。 **8.2.1** 铝合金门窗的物理性能应符合设计要求。 **8.2.4** 铝合金门窗框及金属附框与洞口的连接安装应牢固可靠，预埋件及锚固件的数量、位置与框的连接应符合设计要求。 **8.3.3** 门窗框与墙体之间的安装缝隙应填塞饱满，堵塞材料和方法应符合设计要求，密封胶表面应光滑、顺直、无断裂。 **8.3.4** 密封胶条和密封毛条装配应完好、平整、不得脱出槽口外，交角处平顺、可靠。 **8.3.5** 铝合金门窗排水孔应通畅，其尺寸、位置和数量应符合设计要求。 《建筑装饰装修工程质量验收标准》GB 50210—2018 **6.3.7** 金属门窗框与墙体之间的缝隙应填嵌饱满，并应采用密封胶密封。密封胶表面应光滑、顺直、无裂纹
原因分析	1. 设计： 1）未按规范设计披水条、排水孔间距过大； 2）铝合金门窗杆件设计不合理，杆件刚度或强度不足，安装后受风荷载作用易变形，从而出现气密性或水密性不够而产生渗漏。 2. 施工： 1）铝合金窗框与墙体连接处未留缝也未用防水密封胶填缝封闭，外窗框与墙体连接处裂缝渗漏；

原因分析	2）铝合金窗安装紧固螺钉孔、纵横窗框构件拼装部位未用防水密封胶封闭； 3）铝窗未设置泄水孔或泄水孔太小，泄水孔堵塞； 4）铝合金门窗制作缺陷： （1）铝合金窗制作和安装时，由于本身存在拼接缝隙，成为渗水的通道； （2）窗框与洞口墙体间的缝隙因填塞不密实，缝外侧未用密封胶封严，在风压作用下，雨水沿缝隙渗入室内； （3）推拉窗下滑道内侧的挡水板偏低，风吹雨水倒灌； （4）平开窗搭接不好，在风压作用下雨水倒灌； （5）窗楣、窗台做法不当，未留鹰嘴、滴水槽和斜坡，因而出现倒泛水。 3. 材料： 1）铝合金材料选用不满足设计要求，刚度不够； 2）密封材料品质差，易老化变形
防治措施及通用做法	1. 铝合金窗下框必须有泄水构造： （1）推拉窗：导轨在靠两边框位处铣 8mm 口泄水； （2）平开窗：在框靠中梃位置每个扇洞铣一个宽 8mm 口泄水。 2. 结构施工时门窗洞口每边留设的尺寸宜比窗框每边小 20mm，采用聚氨酯 PU 发泡胶填塞密实；宜在交界处贴高分子自粘型接缝带进行密封处理； 3. 窗框铝合金窗框与周边墙体装饰层之间留宽 5mm、深 8mm 槽，清理干净后，用防水密封胶密封； 4. 铝合金窗内外窗台高差＞20mm，外窗台应低于内窗台，外窗台应有 20％的向外排水坡度在窗楣上做鹰嘴和滴水槽； 5. 用聚合物纤维防水砂浆（干硬性）等将铝合金窗框与洞口墙体间的缝隙填塞密实，外面再用优质防水密封材料封严，宜在交界处贴高分子自粘型接缝带进行密封处理； 6. 对铝合金窗框的榫接、铆接、滑撑、方槽、螺钉等部位，以及组合窗拼樘杆件两侧的缝隙，均应用防水玻璃硅胶密封严实； 7. 将铝合金推拉窗框内的低边挡水板下滑道改换成高边挡水板内下滑道

参考图示

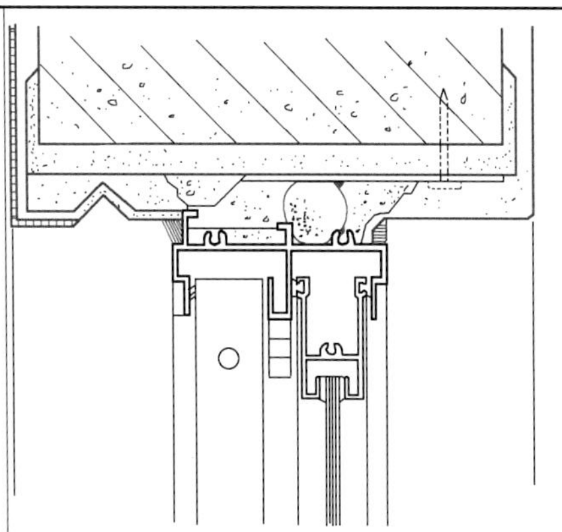

图 2-15

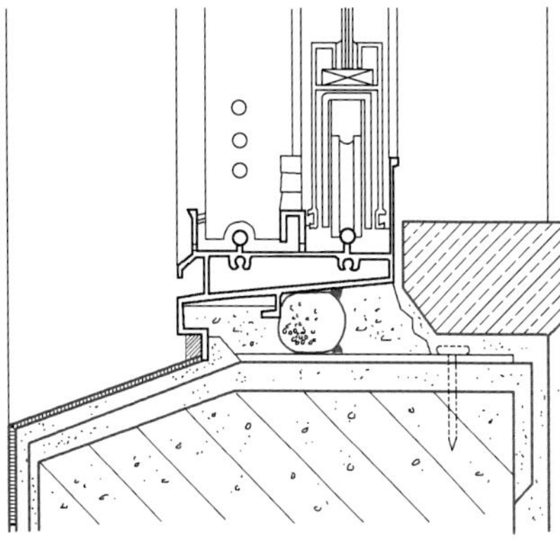

图 2-16

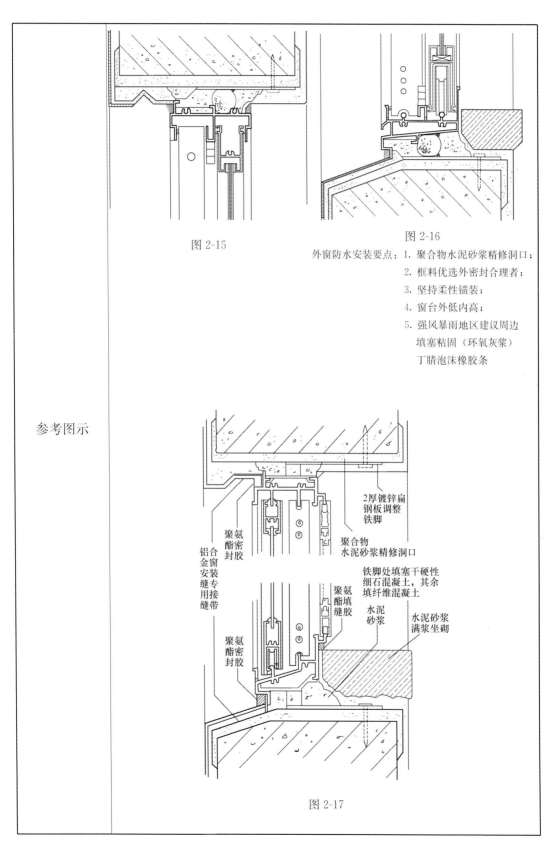

外窗防水安装要点：1. 聚合物水泥砂浆精修洞口；
2. 框料优选外密封合理者；
3. 坚持柔性锚装；
4. 窗台外低内高；
5. 强风暴雨地区建议周边填塞粘固（环氧灰浆）丁腈泡沫橡胶条

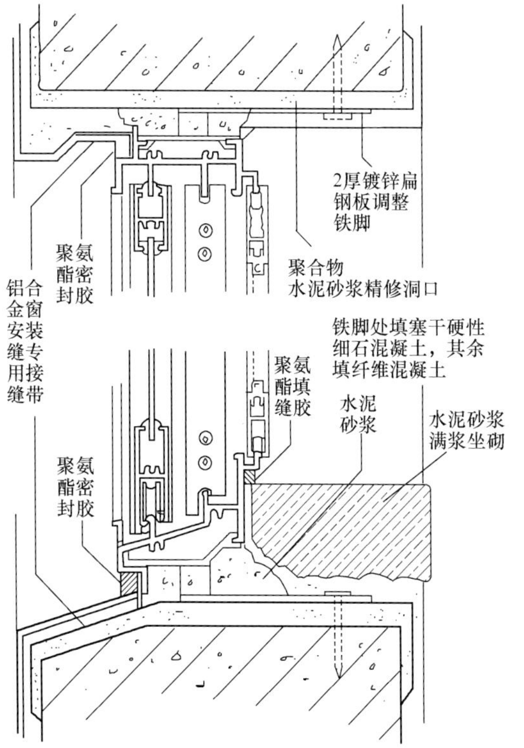

2厚镀锌扁钢板调整铁脚
聚合物水泥砂浆精修洞口
聚氨酯密封胶
铝合金窗安装缝专用接缝带
铁脚处填塞干硬性细石混凝土，其余填纤维混凝土
聚氨酯填缝胶
水泥砂浆
水泥砂浆满浆坐砌
聚氨酯密封胶

图 2-17

参考图示	 图 2-18　铝窗安装实景

2.9　幕墙设计及材料问题导致渗水

质量常见问题	1. 螺钉孔、压顶搭接形成渗水通道，外部水渗入幕墙； 2. 铝型材缺陷渗水。幕墙严重变形，出现移位和雨水渗漏。玻璃、铝型材与铝扣条之间的等压腔内存有少量积水； 3. 幕墙密封胶使用过程中渗水； 4. 幕墙玻璃缺陷渗水。玻璃暗裂、自爆、热断裂渗水。玻璃受热膨胀，被铝型材挤爆渗水
规范、标准相关规定	《玻璃幕墙工程技术规范》JGJ 102—2003 **3.1.4**　隐框和半隐框玻璃幕墙，其玻璃与铝型材的粘结必须采用中性硅酮结构密封胶；全玻幕墙和点支承幕墙采用镀膜玻璃时，不应采用酸性硅酮结构密封胶粘结。 《玻璃幕墙工程质量检验标准》JGJ/T 139—2001 **5.2.15**　幕墙内排水构造的检验指标，应符合下列要求： 1　排水孔、槽应畅通不堵塞，接缝严密，设置应符合设计要求； 2　排水管及附件应与水平构件预留孔连接严密，与内衬板出水孔连接处应设橡胶密封圈
原因分析	1. 设计： （1）设计时既没有采用伸缩量较大的密封胶，也没有进行必要的计算（比如，耐候硅酮密封胶其位移能力可达±25%，为普通密封胶的2倍），由于密封胶适应变形能力差，受温度变化会自行拉裂或鼓起，失去防水功能；

原因分析	（2）对与建筑物接合部位进行收口处理时，没有与土建单位共同研究和配合，螺钉孔、压顶搭接处不打胶或打胶不严密、遗漏等都会形成渗水通道； （3）设计时未认真考虑幕墙防水装置构造，造成外部水因压力差渗入幕墙。 2. 材料： 1）铝型材： （1）铝型材表面处理不符合国家标准，表面涂层附着力不强，氧化膜太薄或过厚，导致密封胶粘接失效； （2）主要受力构件铝型材立柱和横梁的强度不足，刚度不够，其截面受力部分的壁厚小于 3mm，在风荷载标准值作用下出现相对挠度大于 $L/180$ 或绝对挠度大于 20mm 的现象，使幕墙产生严重变形并进而导致幕墙出现移位和雨水渗漏问题； （3）没有采用优质高精度等级的铝型材，或铝型材不合格，其弯曲度、扭拧度、波浪度等严重超标，造成整幅幕墙的平面度、垂直度无法满足要求，引起雨水渗漏； （4）在幕墙铝型材上未合理开设流向室外的泄水小孔，引起雨水渗漏。 2）密封胶材料： （1）采用了普通密封胶，没有采用耐候硅酮密封胶进行室外嵌缝，当幕墙上长期经受太阳光紫外线照射，胶缝会过早老化而造成开裂； （2）没有按规范要求进行结构硅酮密封胶接触材料相容性试验，若结构硅酮密封胶与铝型材、玻璃、胶条等材料不相容，就会发生影响粘结性的化学变化，影响密封作用； （3）未选用优质结构硅酮密封胶、耐候硅酮密封胶，或使用了过期的耐候密封胶； （4）选用的优质浮法玻璃未进行边缘处理，导致玻璃规格尺寸误差达不到规定标准要求； （5）未注意控制密封胶的使用环境，或在露天下雨时进行耐候硅酮密封胶施工，致使结构胶的施工车间未达到清洁无尘土要求，且室内温度高于 27℃、相对湿度低于 50%； （6）注胶前未先将铝框、玻璃或缝隙上的尘埃、油渍、松散物和其他脏物清除干净，或注胶后未做到“嵌填密实、表面平整”，或受到手摸、水冲等不良影响。 3）玻璃： （1）玻璃没有进行边缘倒棱角处理，用作幕墙面材时容易产生应力集中，导致暗裂、自爆，幕墙漏水； （2）玻璃未进行热应力验算，大面积的玻璃吸收日照后，其热应力超过容许应力而引起热断裂，并导致幕墙漏水；

原因分析	（3）玻璃尺寸公差超标，玻璃两边的嵌入量及空隙不符合设计要求。当安装在明框玻璃幕墙上时，若玻璃偏小，则槽口嵌入深度不足，胶缝宽度达不到要求，玻璃容易从边缘破裂而渗水；若玻璃偏大，则槽口嵌入位置过深，玻璃受热膨胀容易被铝型材挤爆而渗水。当安装在隐框玻璃幕墙上时，由于胶缝宽度不均匀且难以控制注胶质量而导致渗水； （4）玻璃幕墙施工过程中未按规范要求分层进行抗雨水渗漏性能检查
防治措施及通用做法	1. 设计： （1）设计时应采用伸缩量较大的密封胶，并进行合理的计算； （2）在对幕墙与建筑物接合部进行收口处理设计时，设计单位应与土建单位共同研究； （3）设计单位进行幕墙设计时，应首先考虑幕墙防水装置设计构造问题，合理运用等压原理，在幕墙铝型材上设置等压腔和特别压力引入孔，使等压腔内部压力通过特别压力引入孔与外部压力平衡，从而将压力差移至接触不到雨水的室内一侧，使有水处没有压力差，而有压力差的部位又没有水，以达到防止外部水因为压力差渗入幕墙的目的； （4）在幕墙四周铝型材与墙体连接位置，采用粘贴高分子自粘型接缝带进行密封处理。 2. 材料： 1）铝型材： （1）铝型材表面处理应符合国家标准，其表面涂层附着力要强，氧化膜厚度适中（不应低于 AA15 级）； （2）幕墙主要受力构件（比如，铝型材的立柱和横梁等）的强度和刚度均应满足要求，截面受力部分的壁厚应不小于 3mm； （3）应采用优质高精度等级的铝型材（其中，幕墙立柱应采用超高精度等级），且应符合现行国家规范要求，其弯曲度、扭拧度、波浪度等均不得超标； （4）在幕墙铝型材上应合理开设流向室外的泄水小孔，以把通过细小缝隙进入幕墙内部的水收集排出幕墙外，同时排去玻璃、铝型材与铝扣条之间的等压腔内的少量积水。 2）密封胶： （1）采用耐候硅酮密封胶进行室外嵌缝； （2）应按规范要求进行结构硅酮密封胶接触材料的相容性试验；

防治措施及通用做法	（3）应选用优质结构硅酮密封胶、耐候硅酮密封胶、墙边胶，且应避免过期使用； （4）应选用优质浮法玻璃且必须按规范要求进行边缘处理，同时应确保玻璃的规格尺寸误差在现行国家规范要求的限度以内； （5）施工中应严格控制密封胶的使用环境，严禁露天下雨时进行耐候硅酮密封胶施工； （6）结构胶的施工车间应满足清洁无尘要求，室内温度一般不宜高于27℃，相对湿度不宜低于50%； （7）注胶前应先将铝框、玻璃或缝隙上的尘埃、油渍、松散物和其他脏物清除干净，注胶后应确保"嵌填密实、表面平整"，并应加强保护，防止手摸、水冲等现象的发生。 3）玻璃： （1）幕墙玻璃应进行边缘倒棱角处理，以消除其用作幕墙面材时容易产生的应力集中问题，避免暗裂或自爆隐患发生； （2）幕墙玻璃应认真按相关规定进行热应力验算，确保大面积的玻璃吸收日照后的热应力不超过其容许应力，杜绝热断裂出现； （3）应确保幕墙玻璃的尺寸公差不超标并满足规范规定（即隐框玻璃幕墙拼缝宽度不宜小于15mm），以保证拼缝间隙满足幕墙因地震、温度变化产生层间位移的要求，并确保玻璃不会因上述原因而被挤坏； （4）玻璃幕墙施工过程中应按规范要求分层进行抗雨水渗漏性能检查，以便及时进行修补及在施工期间有效控制幕墙质量
参考图示	 图 2-19　玻璃幕墙实景

2.10 玻璃幕墙安装缺陷渗漏

质量常见问题	铝框架接缝处渗水；密封材料失去防水功能渗水；玻璃底部挤裂渗水
规范、标准相关规定	《玻璃幕墙技术规范》JGJ 102—2003 **10.3.7** 构件式玻璃幕墙中硅酮建筑密封胶的施工应符合下列要求： 1 硅酮建筑密封胶的施工厚度应大于3.5mm，施工宽度不宜小于施工厚度的2倍；较深的密封槽口底部应采用聚乙烯发泡材料填塞； 2 硅酮建筑密封胶在接缝内应两对面粘结，不应三面粘结。 **11.3.3** 玻璃与镶嵌槽的间隙应符合设计要求，密封胶应灌注均匀、密实、连续。 《玻璃幕墙工程质量检验标准》JGJ/T 139—2001 **6.2.13** 玻璃幕墙与周边密封质量的检验标准，应符合下列规定： 1 玻璃幕墙四周与主体结构之间的缝隙，应采用防火保温材料堵塞，水泥砂浆不得与铝型材直接接触，不得采用干硬性材料堵塞。内外表面应采用密封胶连续封闭，接缝应严密、不渗漏，密封胶不应污染周围相邻表面； 2 幕墙转角、上下、侧边、封口及周边墙体的连接构造应牢固并满足密封防水要求，外表应整齐、美观； 3 幕墙玻璃与室内装饰物之间的间隙不宜少于10mm
原因分析	1. 铝框架安装时未按规范操作，其水平度、铅直度、对角线差和直线度超标，直接影响幕墙的物理性能。通常，接缝处的水流量远大于玻璃墙面上的平均水流量，因此，接缝是主要渗漏部位，若各构件连接处的缝隙未进行密封处理，则安装玻璃后必然渗水； 2. 耐候硅酮密封胶封堵不密实、不严，或长宽比不符合规范要求。耐候硅酮密封胶厚度太薄，则不能保证密封质量，且对型材温度变化产生拉应力不利；太厚又容易被拉断，使密封和防渗漏失效，导致雨水从填嵌的空隙和裂隙渗入室内； 3. 密封胶条尺寸不符合要求，或采用劣质材料，很快松脱或老化，失去密封防水功能； 4. 幕墙安装过程中未采用弹性定位垫块致使玻璃与构件直接接触，当建筑出现变形或温度变化时，其构件对玻璃产生较大应力并从玻璃底部开始挤裂而导致渗水

防治措施及通用做法	1. 铝框架安装过程中应严格按规范操作并做好质量控制工作，其水平度、铅直度、对角线差和直线度均不得超标，各构件连接处的缝隙必须进行可靠的密封处理； 2. 耐候硅酮密封胶应封堵密实，长宽比应满足规范要求，规范规定其厚度应大于 3.5mm、小于 4.5mm，高度应不小于厚度的 2 倍且不得三面粘结； 3. 密封胶条尺寸应符合要求，严禁采用劣质材料； 4. 应合理设置并采用弹性定位垫块，以避免玻璃与构件直接接触
参考图示	 图 2-20　玻璃幕墙安装实景

2.11　装配式外墙板接缝渗漏

质量常见问题	1. 外墙板接缝处渗漏，雨水通过缝隙进入室内； 2. 导水管设置不合理； 3. 密封胶堵塞导水管，导致排水不畅
规范、标准相关规定	《预制混凝土外挂墙板应用技术标准》JGJ/T 458—2018 **5.3.3**　外挂墙板接缝应采用不少于一道材料防水和构造防水相结合的防水构造；受热带风暴和台风袭击地区的外挂墙板接缝应采用不少于两道材料防水和构造防水相结合的防水构造，其他地区高层建筑宜采用不少于两道材料防水和构造防水相结合的防水构造。 《深圳市建设工程防水技术标准》SJG 19—2019 **10.2.1**　预制外墙板接缝防水应符合下列规定：

规范、标准相关规定	2　接缝宽度根据计算确定，应满足主体结构的层间位移、密封材料的变形能力、施工误差、温差引起变形等要求，宽度宜为15mm～25mm； 3　高度大于15m的装配式建筑，每隔2层～3层，在十字接缝的竖缝中宜设置排水管；当竖缝下方因门窗等开口部位被隔断时，应在开口部位上部竖缝处设置排水管
原因分析	1. 设计： （1）未设置二道材料防水； （2）设计接缝宽度不合理。 2. 施工： （1）接缝宽度不满足设计要求； （2）打胶前混凝土基面清理清理不足； （3）密封胶厚度达不到设计要求； （4）密封胶打胶不密实，或固化前遭雨淋； （5）导水管安装不到位，密封不严。 3. 材料： （1）未采用低模量的耐候密封胶，导致拉裂； （2）密封胶质量差，使用后发生老化、开裂
防治措施及通用做法	密封胶施工应符合以下要求： 1. 接缝两侧的混凝土基层应坚实、平整，不得有蜂窝、麻面、起皮和起砂现象，表面应清洁、干燥，无油污、灰尘，接缝两侧基层高度偏差不宜大于2mm； 2. 打胶施工前，应将板缝空腔清理干净；当需要扩缝或清理缝中的混凝土时，可采用切割的方式； 3. 应按设计要求填塞背衬材料，背衬材料应连续，与接缝两侧基层之间不得留有空隙，预留深度应与密封胶设计厚度一致； 4. 接缝胶宜选用位移级别为20LM或25LM的低模量的改性硅烷密封胶（MS胶）或聚氨酯密封胶（PU胶）； 5. 密封胶嵌填应饱满、密实、均匀、顺直、表面平滑，其厚度应符合设计要求； 外墙板接缝导水管安装应符合下列规定： 1. 排水管安装前，应在排水管部位斜向上按设计角度设置背衬材料，背衬材料应内高外低，最里端应与接缝中填充的泡沫保温材料或橡胶止水条相接触； 2. 排水管应顺背衬材料方向埋设，与两侧基层之间的间隙应用密封胶封严；

防治措施及通用做法	3. 排水管的上口应位于空腔的最低点，并有将空腔水导入排水管的措施
参考图示	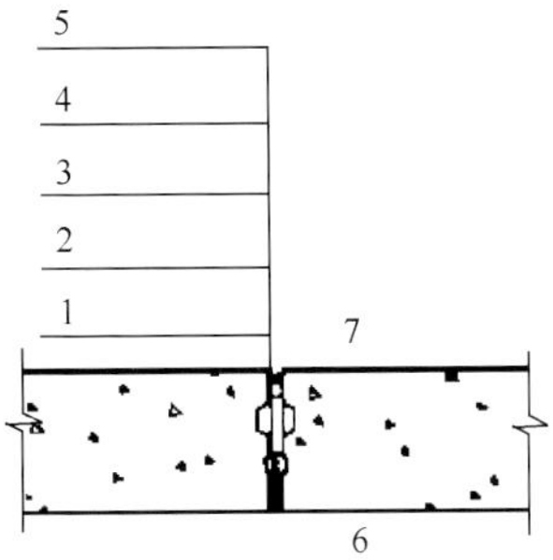 5 4 3 2 1 7 6 图 2-21　外挂墙板垂直缝槽口构造示意 1—防火封堵材料；2—气密条；3—空腔；4—背衬材料； 5—密封胶；6—室内；7—室外 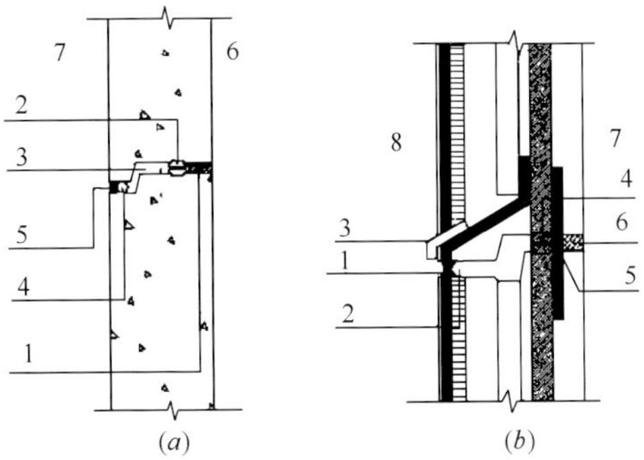 7 6 2 3 5 4 1 (*a*) 8 7 4 6 5 3 1 2 (*b*) 图 2-22　导水管构造示意 (*a*) 1—防火封堵材料；2—气密条；3—空腔； 4—背衬材料；5—密封胶；6—室内；7—室外 (*b*) 1—密封胶；2—背衬材料；3—导水管； 4—气密条；5—十字缝部位密封胶； 6—耐火封堵材料；7—室内；8—室外

第三章　室　内　工　程

3.1　厨卫间墙角渗漏

质量常见问题	厨卫间相邻客厅、卧室、走廊墙角渗水、发霉
规范、标准相关规定	《住宅室内防水工程技术规范》JGJ 298—2013 **5.2.1**　卫生间、浴室的楼、地面应设置防水层，墙面、顶棚应设置防潮层，门口应有阻止积水外溢的措施。 **5.3.2**　楼、地面防水设计应符合下列规定： 5　防水层应符合下列规定： 1）对于有排水的楼、地面，应低于相邻房间楼、地面 20mm 或做挡水门槛。 **5.4.1**　楼、地面的防水层在门口应水平延展，且向外延展的长度不应小于 500mm，向两侧延展的宽度不应小于 200mm。 **5.4.6**　当墙面设置防潮层时，楼、地面防水层应沿墙面上翻，且至少高出饰面层 200mm。当卫生间、厨房采用轻质隔墙时，应做全防水墙面，其四周根部除门洞外，应做 C20 细石混凝土坎台，并应至少高出相连房间的楼、地面饰面层 200mm。 《深圳市建设防水工程技术标准》SJG 19—2019 **7.1.5**　卫生间地面标高应比室内标高低 20mm。室内需防水设防的区域，不应跨越变形缝及结构易开裂和难以进行防水处理的部位。 **7.1.6**　厨房、卫生间四周砌体墙根应浇筑同墙宽的不低于 C25 的细石混凝土，高出地面完成面不应小于 200mm。地面防水层应上翻，高出地面完成面不应小于 200mm，与墙面防水层搭接宽度不应小于 100mm，卫生间地面防水层应超出门槛外侧 500mm 宽。 **7.1.7**　地面与墙体转角和交角处必须用防水砂浆抹成圆弧形，表面密实、光滑，并做涂料附加增强层，每边宽度不应小于 150mm，涂膜增强层厚度不宜小于 2mm。 **7.1.8**　卫生间墙面防水层设防高度应不低于 1800mm，浴厕共用的墙面防水层设防高度应至顶棚底，厨房墙面防水层高度应不低于 1200mm，阳台地面防水层应按卫生间要求设计，墙面应按外墙面防水层要求进行设计
原因分析	1. 墙地面未按设计要求设置防水层，或防水层厚度不足或有缺陷； 2. 地面防水层未沿墙上翻至设计高度，墙面与地面转角处未做成圆弧形或未做附加增强处理；

<table>
<tr>
<td>原因分析</td>
<td>3. 防水层未延伸到门槛石外侧，未因防水砂浆铺贴门槛石，地面采用了干硬性砂浆做找平层铺贴地砖，干硬性砂浆疏松积水，容易从门槛石下或墙根渗水进入卫生间外面地砖下干硬性砂浆层，导致卫生间外面墙根受潮发霉。
4. 严禁用干硬性砂浆做找平层铺贴地砂，应采用聚合物水泥砂浆或M20 地面砂浆做找平层，门槛石应用防水砂浆铺贴</td>
</tr>
<tr>
<td>防治措施及通用做法</td>
<td>1. 厨卫间四周墙面应做高出地面 200mm 的 C20 细石混凝土坎台；
2. 地面防水层上翻高度应不小于 300mm，与墙面防水层搭接宽度应不小于 100mm；地面与墙面转角处找平层应做圆弧，并做 300mm 宽涂膜附加层增强措施；增强处厚度不小于 2mm；
3. 地面防水层在门口处应向外延展不小于 500mm，向两侧延展的宽度不小于 200mm；
4. 采用聚合物水泥砂浆满浆铺贴地面砖；
5. 防水层施工时，应做基层处理，保持基层干净、干燥，确保防水层与基层粘结牢固，并保证涂膜防水层的厚度；
6. 门框位置上、下防水层应有交圈，门框底部与墙面砖之间应进行防水密封处理；
7. 厨、卫间门、窗与墙体连接部位应进行防水密封处理</td>
</tr>
<tr>
<td>参考图示</td>
<td>

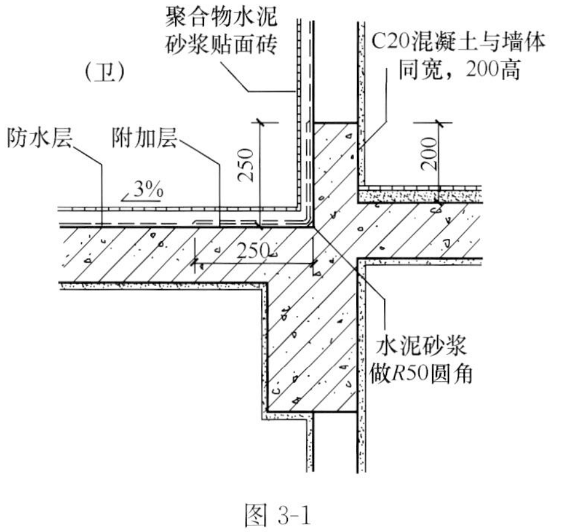

聚合物水泥砂浆贴面砖
(卫)
C20混凝土与墙体同宽，200高
防水层
附加层
3%
250
200
250
水泥砂浆做R50圆角

图 3-1

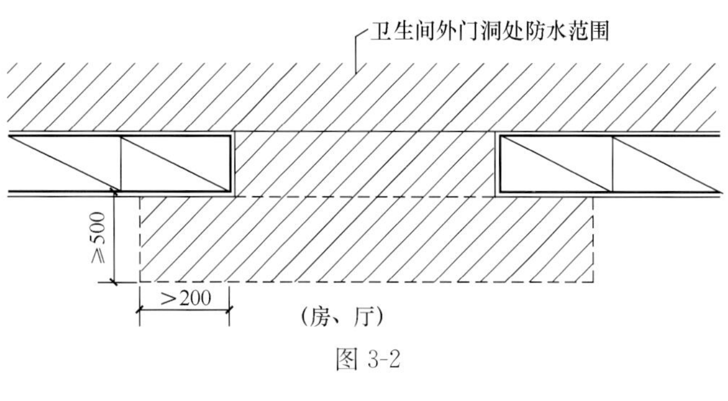

(卫)
卫生间外门洞处防水范围
≥500
>200
(房、厅)

图 3-2

</td>
</tr>
</table>

参考图示	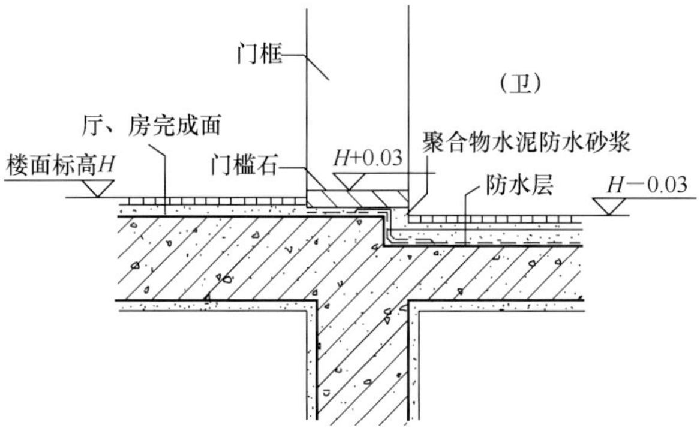门框 (卫) 厅、房完成面 聚合物水泥防水砂浆 楼面标高H 门槛石 H+0.03 防水层 H−0.03 图 3-3

3.2 楼板顶棚渗漏

质量常见问题	厨卫间楼板顶棚出现渗水、霉变
规范、标准相关规定	《住宅室内防水工程技术规范》JGJ 298—2013 **5.2.1** 卫生间、浴室的楼、地面应设置防水层，墙面、顶棚应设置防潮层，门口应有阻止积水外溢的措施。 **5.2.2** 厨房的楼、地面应设置防水层，墙面宜设置防潮层。 《建筑防水工程技术规程》DBJ 15—19—2020 **5.4.2** 室内楼地面的结构基层及找平层应符合以下规定： 1 楼面结构应双层双向配筋，板厚度不应小于 100mm； 2 混凝土找坡层的强度不低于 C20 级，砂浆找坡层强度等级不低于 M15 级； 3 卫生间、浴室、厨房、阳台、外廊、架空层等涉水空间的找坡层不得采用疏松吸水的材料；楼面饰面砖或石材不得采用干硬性水泥砂浆铺贴，应选用瓷砖粘结砂浆或水泥砂浆满铺贴施工。 《深圳市建设防水工程技术标准》SJG 19—2019 **7.3.1** 找平层厚度大于 30mm 时，应采用不低于 C20 细石混凝土。地面排水坡度不宜小于 1%，并应坡向地漏
原因分析	1. 楼、地面未设置防水层，或防水层厚度未达到设计要求或存在缺陷，局部破坏； 2. 找平层施工质量不好，或采用干硬性砂浆铺贴地面砖，粘贴层不密实、有微孔的缺陷； 3. 楼板板面裂缝； 4. 地面找坡层坡度不够，排水不畅，造成积水

防治措施及通用做法	1. 按设计要求对厨房和卫生间地面进行防水施工，并保证涂膜防水层的厚度； 2. 对有明显裂缝的结构楼板，应先进行修补处理，沿裂缝位置进行扩缝，凿出 15mm×15mm 的凹槽，清除浮渣，用水冲洗干净，然后刮填防水材料或其他无机盐类防水堵漏材料； 3. 按设计要求的坡度进行找坡，地面排水坡度不宜小于 3%，并坡向地漏； 4. 采用聚合物水泥砂浆满浆铺贴地面砖； 5. 防水层施工前对结构楼面做 24h 蓄水试验，有渗漏时先修补结构并再次蓄水试验
参考图示	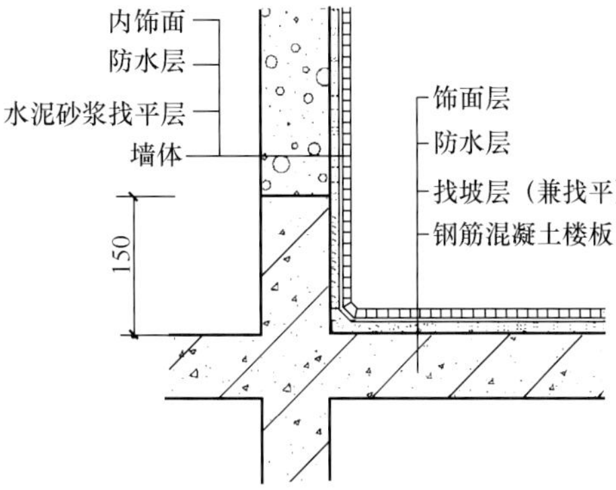 内饰面 防水层 水泥砂浆找平层 墙体 150 饰面层 防水层 找坡层（兼找平） 钢筋混凝土楼板 图 3-4

3.3 管道四周渗漏

质量常见问题	楼板管道周边渗漏
规范、标准相关规定	《住宅室内防水工程技术规范》JGJ 298—2013 **5.4.2** 穿越楼板的管道应设置防水套管，高度应高出装饰层完成面 20mm 以上；套管与管道间应采用防水密封材料嵌填压实。 **6.2.3** 管根、地漏与基层的交接部位，应预留宽 10mm、深 10mm 的环形凹槽，槽内应嵌填密封材料。 《建筑防水工程技术规程》DBJ 15—19—2020 **5.4.8** 室内防水细部构造应符合下列规定： 4 穿楼板管道应符合以下规定：

规范、标准相关规定	1）穿楼板管道宜安装预埋防水套管，管套（道）与找平层连接部位应留置凹槽，槽内应采用耐候合成高分子密封材料嵌填密实，套管应高出最终完成面 20mm～50mm，套管直径应比管道直径大 10～20mm，套管与管道之间的空隙应采用阻燃密封材料填实，套管周围应不小于 5% 排水坡度； 2）厕、浴、厨房间楼板预留孔洞后装管道，预留管道孔应定位正确，管道安装距离墙体及管道之间应留置不少于 50mm 空隙。预留孔内及管道周边进行界面增强措施，并分两次嵌填聚合物细石防水混凝土； 3）穿楼板或穿墙管道根部在防水层施工前应先做嵌入耐候合成高分子密封胶密封和防水涂料增强层； 4）设备层穿过防水层的管道应采用套管式，并进行加强节点密封。 5　卫生间、浴室、厨房、阳台、外廊等涉水部位门口处应采用聚合物水泥防水砂浆或聚合物混凝土作挡水门槛，高度不少于 50mm，宽度与隔墙宽度相同，防水层宜收头到门框根部，并压门框 5mm。 6　卫生间、浴室、厨房等室内涉水部位的门、窗与墙体连接部位应进行防水密封处理。 7　大型公共厨房的排水明沟应有刚柔二道防水设防，其中一道应为合成高分子防水涂料，厨房间排水沟的防水层应与地面防水层连接成整体。 《深圳市建设防水工程技术标准》SJG 19—2019 **7.2.2**　穿过防水层管道见图 3-5 和图 3-6。穿过防水层管道分为套管式和直埋式，管道周围应留 20mm 凹槽并嵌填密封材料
原因分析	1. 管道的周边孔洞填塞不严密，砂浆或混凝土中夹杂碎砖、纸袋等杂物； 2. 立管或套管管根四周未留凹槽和嵌填密封材料； 3. 套管未高出地面或套管与立管之间的周边空隙未嵌填密封材料，导致立管四周渗漏
防治措施及通用做法	1. 管道周边孔洞应采用掺有微膨胀细石混凝土嵌填密实。孔洞底板的板底应有支模，不能用其他材料嵌填； 2. 管道根部四周应留有 20mm×20mm 的凹嵌填密封材料，凹槽四周及管壁等处应涂刷基层处理剂； 3. 套管高度应比设计地面高出 20mm 以上；套管周边应做同高度的细石混凝土护墩；套管与主管之间的周边空隙应用密封材料填塞严密

参考图示	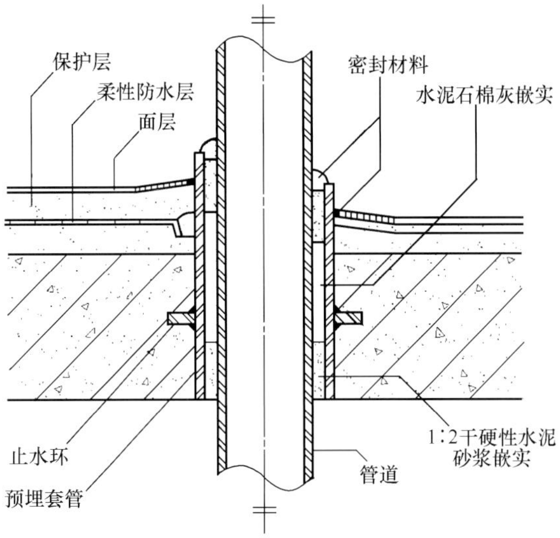保护层 柔性防水层 面层 密封材料 水泥石棉灰嵌实 止水环 预埋套管 管道 1∶2干硬性水泥 砂浆嵌实 图 3-5 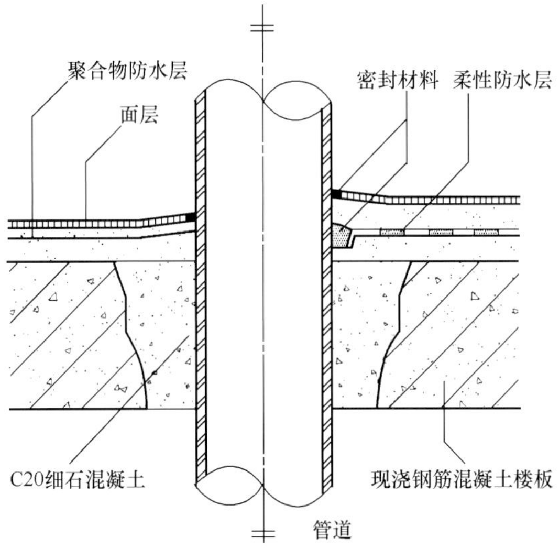聚合物防水层 面层 密封材料 柔性防水层 C20细石混凝土 现浇钢筋混凝土楼板 管道 图 3-6

3.4 地漏四周渗漏

质量常见问题	地漏四周渗漏
规范、标准相关规定	《住宅室内防水工程技术规范》JGJ 298—2013 **5.4.3** 地漏、大便器、排水立管等穿越楼板的管道根部应用密封材料嵌填压实。

规范、标准相关规定	《建筑防水工程技术规程》DBJ 15—19—2020 **5.4.8** 室内防水细部构造应符合下列规定： 3 地漏口周围、直接穿过地面或墙面防水层管道及预埋件的周围与找平层、结构基面之间应预留宽10mm、深7mm的凹槽，嵌填耐候合成高分子密封材料，地漏与墙面的距离宜为50mm～80mm。 《深圳市建设防水工程技术标准》SJG 19—2019 **7.2.3** 地漏设计见图3-7和图3-8，地漏应为室内最低标高处，室内排水坡度坡向地漏。 **7.2.4** 地沟设计见图3-11，地沟的纵向排水坡度应大于1%，底面与侧面宜做柔性防水层。找平层与地漏之间应留槽，并填嵌密封材料
原因分析	1. 地漏偏高，集水性和汇水性较差； 2. 地漏周围嵌填的混凝土不密实，有缝隙； 3. 承口杯与基体及排水管接口结合不严密，防水处理过于简陋，密封不严
防治措施及通用做法	1. 在地漏立管安装固定后，要用掺有聚合物的细石混凝土将地漏预留孔认真捣实、抹平； 2. 安装时应严格控制标高，应根据门口至地漏的坡度确定，不可超高，确保地面排水迅速、通畅； 3. 安装地漏时，先将承口杯牢固地粘结在承重结构上，再将带胎体增强材料的附加增强层铺贴至杯内，并用插口压紧，然后在其四周满涂防水涂料1～2遍，待涂料干燥成膜后，将漏勺放入承插口内
参考图示	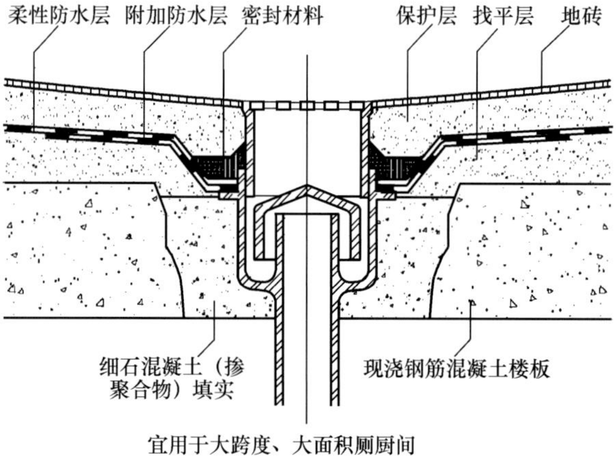柔性防水层 附加防水层 密封材料 保护层 找平层 地砖 细石混凝土（掺聚合物）填实 现浇钢筋混凝土楼板 宜用于大跨度、大面积厕厨间 图3-7

参考图示	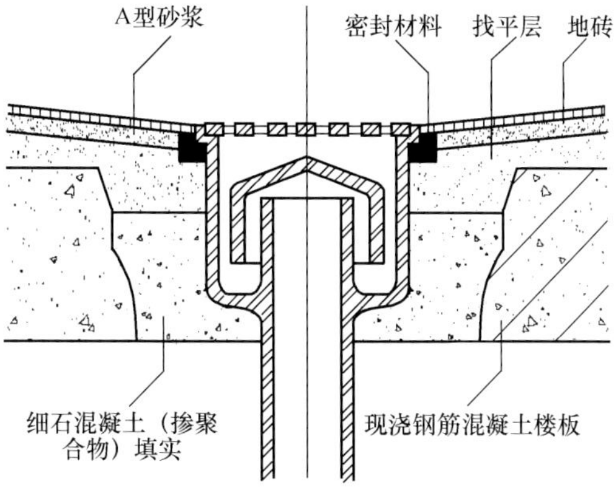A型砂浆 密封材料 找平层 地砖 细石混凝土（掺聚合物）填实 现浇钢筋混凝土楼板 宜用于小面积厨卫间 图 3-8

3.5 卫生洁具洞口周边渗漏

质量常见问题	卫生洁具洞口渗漏
规范、标准相关规定	《住宅室内防水工程技术规范》JGJ 298—2013 **5.4.4** 地漏、大便器、排水立管等穿越楼板的管道根部应用密封材料嵌填压实。 《建筑防水工程技术规程》DBJ 15—19—2020 **5.4.8** 室内防水细部构造应符合下列规定： 2 卫生间、浴室、厨房等涉水部位埋设各类管线（道），在防水层施工前必须采用聚合物水泥防水砂浆进行嵌填严密，并沿管线方向进行防水增强层施工。严禁在防水层施工后进行管线（道）拆凿安装
原因分析	1. 洁具质量不符合要求，存在砂眼、裂纹等缺陷； 2. 安装前，接头部分未清除灰尘，影响粘结：下水管道接头不严密； 3. 老化破裂引起的渗漏； 4. 排水口标高预留不明确，方向倾斜，上下口不严
防治措施及通用做法	1. 应经检验合格后方可投入使用，如仅是管材与卫生洁具本身的质量问题，则应拆除，重新更换质量合格的产品； 2. 封闭法。对于非承压的下水管道，如因接口质量不合格的渗漏，可沿缝口凿出 10mm 缝口，然后进行密封处理； 3. 排水预留口应高出地面，不得斜歪

参考图示	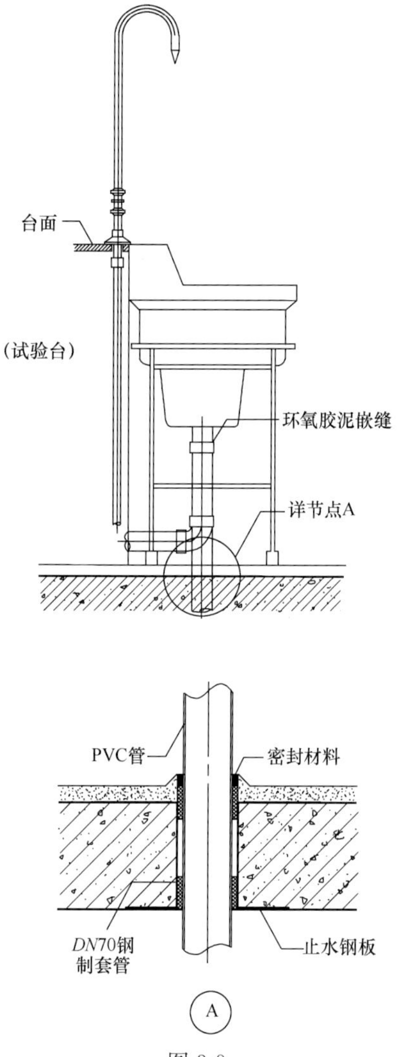台面 (试验台) 环氧胶泥嵌缝 详节点A PVC管 密封材料 DN70钢 制套管 止水钢板 A 图 3-9

3.6 墙面潮湿瓷砖脱落

质量常见问题	墙面潮湿瓷砖脱落
规范、标准相关规定	《住宅室内防水工程技术规范》JGJ 298—2013 **5.3.3** 墙面防水设计应符合下列规定： 1 卫生间、浴室和设有配水点的封闭阳台等墙面应设置防水层；防水层高度宜距楼、地面层 1.2m。 2 当卫生间有非封闭式洗浴设施时，花洒所在及其邻近墙面防水层高度不应小于 1.8m。

规范、标准相关规定	**5.4.6** 当墙面设置防潮层时，楼、地面防水层应沿墙面上翻，且至少应高出饰面层 200mm。当卫生间、厨房采用轻质隔墙时，应做全防水墙面。 《深圳市建设防水工程技术标准》SJG 19—2019 表 7.1.4 当室内墙面铺贴面砖，防水设防方案应：5.0mm～8.0mm 厚高分子益胶泥（兼粘结层）或 3.0mm 厚聚合物水泥防水砂浆。 **7.1.8** 卫生间墙面防水层设防高度应不低于 1800mm，浴厕共用的墙面防水层设防高度应至顶棚底，厨房墙面防水层高度应不低于 1200mm，阳台地面防水层应按卫生间要求设计，墙面应按外墙面防水层要求进行设计
原因分析	1. 墙面防水层设计高度偏低； 2. 卫生间经常处于潮湿干燥交替的环境，饰面砖密缝铺设，因干湿循环引起的湿胀干缩，使得饰面砖空鼓脱落； 3. 当墙面采用聚合物乳液防水涂料或聚氨酯防水涂料作为防水层时，与面砖粘结层不易粘结，饰面砖容易出现空鼓脱落的现象； 4. 墙面未做防水层，或防水砂浆不符合标准
防治措施及通用做法	1. 严格按规范及设计要求沿墙面上翻施工并做防潮处理； 2. 墙面设有淋浴器具时，其防水高度应大于 1800mm，当厨、卫采用轻质隔墙时，应对全墙面设置防水层； 3. 采用聚合物水泥防水砂浆或聚合物水泥防水浆料作为防水层材料，聚合物水泥砂浆宜应干粉类； 4. 采用聚合物水泥水泥或专用瓷砖胶进行墙面砖铺贴，砖与砖间的缝宽不小于 1.5mm，并用专用填缝剂嵌缝
参考图示	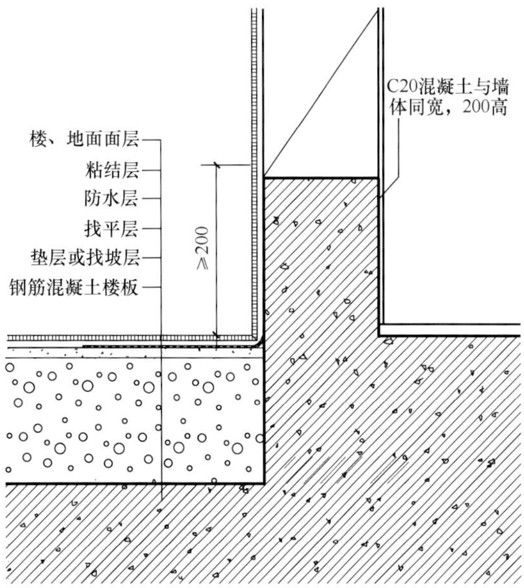C20混凝土与墙 体同宽，200高 楼、地面面层 粘结层 防水层 找平层 垫层或找坡层 钢筋混凝土楼板 ≥200 图 3-10

3.7 公共类室内排水沟渗漏

<table>
<tr><td>质量常见问题</td><td>室内排水沟渗漏</td></tr>
<tr><td>规范、标准
相关规定</td><td>《建筑防水工程技术规程》DBJ 15—19—2020

5.4.8-7 大型公共厨房的排水明沟应有刚柔二道防水设防，其中一道应为合成高分子防水涂料，厨房间排水沟的防水层应与地面防水层连接成整体。

《深圳市建设防水工程技术标准》SJG 19—2019

7.2.4 地沟设计见图 3-11，地沟的纵向排水坡度应大于 1%，底面与侧面宜做柔性防水层。找平层与地漏之间应留槽，并填嵌密封材料</td></tr>
<tr><td>原因分析</td><td>1. 地沟内未施工防水层或涂料防水层厚度不足；
2. 排水沟防水层与地面防水层未成一体；
3. 安装施工时候破坏防水层；
4. 生活垃圾堵塞排水沟</td></tr>
<tr><td>防治措施及
通用做法</td><td>1. 按设计及规范要求进行排水沟的防水施工，确保防水层厚度；
2. 保证排水沟的排水坡度；
3. 定期进行排水沟的疏通</td></tr>
<tr><td>参考图示</td><td>
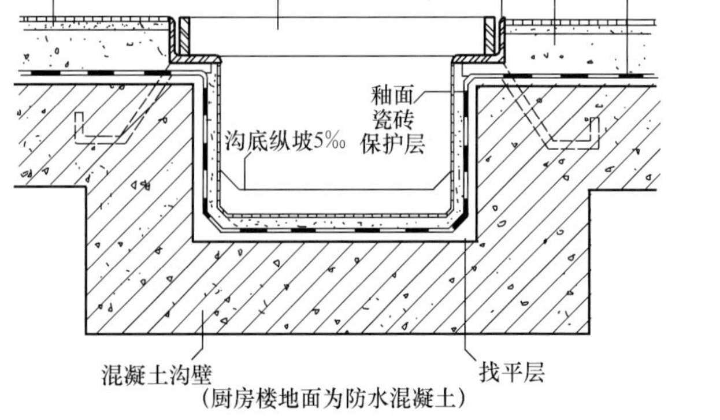
防滑地砖，聚合物
水泥砂浆粘贴
不锈钢沟盖板
边框–4×30,沟宽×420
栅料–3.5×30@35
不锈钢角钢
除水涂膜
找平
釉面
瓷砖
保护层
沟底纵坡5‰
混凝土沟壁
找平层
(厨房楼地面为防水混凝土)
图 3-11</td></tr>
</table>

3.8 降板式卫生间积水

<table>
<tr><td>质量常见问题</td><td>降板式卫生间沉池积水</td></tr>
<tr><td>规范、标准相关规定</td><td>《住宅室内防水工程技术规范》JGJ 298—2013
5.4.4 水平管道在下降楼板上采用同层排水措施时，楼板、楼面应做双层防水设防。对降板后可能出现的管道渗水，应有密闭措施，且宜在贴临下降板上表面设泄水管，并宜采取增设独立的泄水立管的措施。
《建筑防水工程技术规程》DBJ 15—19—2020
5.4.3 室内排水设计应符合以下规定：
3 卫生间、浴室、厨房的沉箱排水设计应符合以下规定：
1）沉箱部位应设置排水系统，其坡度不小于2%；沉箱底最低点须加设排水地漏或排水横管，并连接至增设的独立排水立管，立管离墙间隙不小于50mm。
2）敷设于沉箱内部的设备管道应安装牢固，管道接驳位置必须做防水增强密闭处理。
3）回填式沉箱卫生间、浴室、厨房应采用轻质且吸水量小的材料作填充层，并采用建筑疏水板或其他疏排水措施作处理，填充层应在防水层上面。
4）大型公共厕、浴、厨房间沉箱内部应采用加大排水坡度，应采用建筑疏排水板、卵石等构造措施加强疏水功能，并应对沉箱底的排水地漏口采取防堵塞、防虫等构造措施。
《深圳市建设防水工程技术标准》SJG 19—2019
7.2.5 有填充层的厨房间、下沉式卫生间，应在结构板面上和地面饰面层下各设置一道防水层，下防水层宜采用聚氨酯防水涂料，填充层应采用吸水率低的材料，上防水层宜采用聚合物水泥防水涂料或聚合物水泥防水砂浆，并应在沉箱底部设置侧排水地漏</td></tr>
<tr><td>原因分析</td><td>1. 设计：
（1）板底未设置泄水管；
（2）用1∶8水泥陶粒混凝土做填充层；
（3）用1∶4干硬性水砂浆贴地面砖；
（4）面层未设计防水层。
2. 施工：
（1）底部泄水口和面层地漏口位置不在最低处；</td></tr>
</table>

原因分析	（2）施工时堵塞泄水口； （3）干硬性砂浆铺贴面砖； （4）面层防水层厚度不足； （5）面层地漏口周边密封不严密。 3. 维护： （1）二次装修破坏原防水层； （2）二次装修时未对管道口，地漏等部位做涂料防水加强层
防治措施及通用做法	1. 在板底部设置单独泄水管，且施工时确保泄水口不被堵塞； 2. 底板下防水层宜采用 1.5mm 单组分聚氨酯防水涂料；上防水层宜采用 2.0mm 聚合物水泥防水涂料或聚合物水泥防水砂浆上翻墙面 300mm，细部做加强防水处理； 3. 填充层宜采用 1∶3∶5（水泥、砂、陶粒）混凝土； 4. 二次装修前或装修中注意保护防水层，有破损时应重新做防水层，二次装修前应对管道口、地漏口等做加强防水层； 5. 采用聚合物水泥砂浆贴地面砖，注意排水坡度，地面不得积水
参考图示	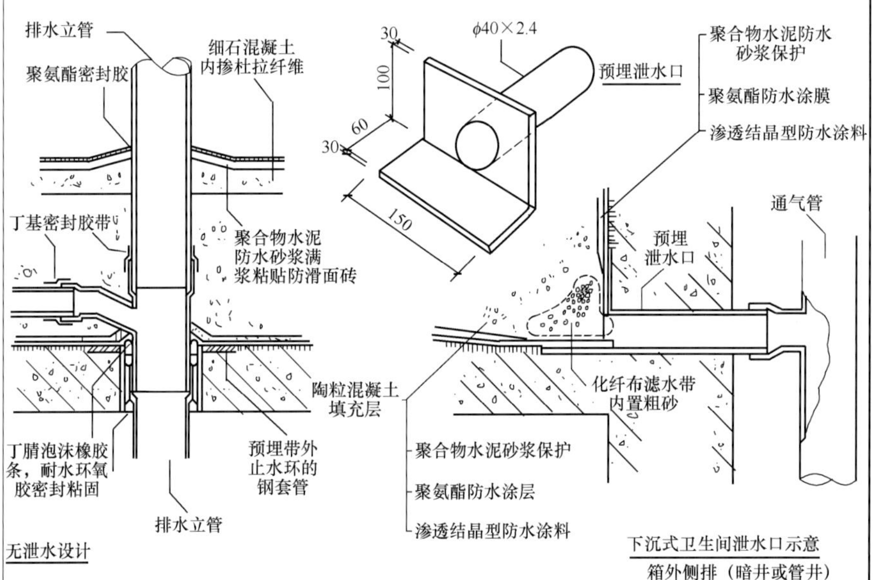 排水立管 聚氨酯密封胶 细石混凝土 内掺杜拉纤维 丁基密封胶带 聚合物水泥 防水砂浆满 浆粘贴防滑面砖 陶粒混凝土 填充层 丁腈泡沫橡胶 条，耐水环氧 胶密封粘固 预埋带外 止水环的 钢套管 排水立管 无泄水设计 30 φ40×2.4 100 60 30 150 预埋泄水口 聚合物水泥防水 砂浆保护 聚氨酯防水涂膜 渗透结晶型防水涂料 通气管 预埋 泄水口 化纤布滤水带 内置粗砂 聚合物水泥砂浆保护 聚氨酯防水涂层 渗透结晶型防水涂料 下沉式卫生间泄水口示意 箱外侧排（暗井或管井） 图 3-12

3.9 阳台楼板顶棚渗漏

质量常见问题	1. 阳台楼板顶棚饰面涂料起皮、剥离、脱落、渗水； 2. 与阳台紧邻的房间落地窗边地面渗水
规范、标准相关规定	《住宅室内防水工程技术规范》JGJ 298—2013 **5.2.6** 设有配水点的封闭阳台，墙面应设防水层，顶棚宜防潮，楼、地面应有排水措施，并设置防水层。 《深圳市建设防水工程技术标准》SJG 19—2019 **7.3.4** 有防水要求或邻近用水房间门口的楼地面，严禁采用干硬性水泥砂浆做找平层或地砖粘结层，应采用 5mm～8mm 聚合物水泥砂浆满浆粘贴、勾缝，预防窜水
原因分析	1. 阳台未设置防水层或防水质量不合格，局部损坏； 2. 找平层施工质量不好，存在不密实、有微孔的缺陷； 3. 楼板板面裂缝； 4. 找坡层坡度有反坡，造成积水； 5. 干硬性砂浆铺贴地面砖
防治措施及通用做法	1. 按设计要求阳台地面进行防水施工，并保证涂膜防水层的厚度； 2. 对有明显裂缝的结构楼板，应首先进行修补处理，沿裂缝位置进行扩缝，凿出 15mm×15mm 的凹槽，清除浮渣，用水冲洗干净；然后，刮填防水材料或其他无机盐类防水堵漏材料，对贯通裂缝应进行压力灌浆修补； 3. 室内门槛应比阳台面高出不小于 20mm； 4. 用聚合物水泥砂浆满浆粘贴地砖，保证排水坡度正确，保证 3%的排水坡度，坡向地漏
参考图示	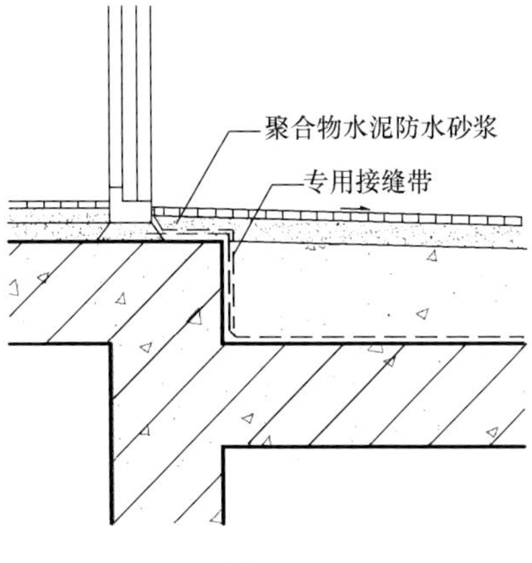聚合物水泥防水砂浆 专用接缝带 图 3-13

<table>
<tr><td>参考图示</td><td>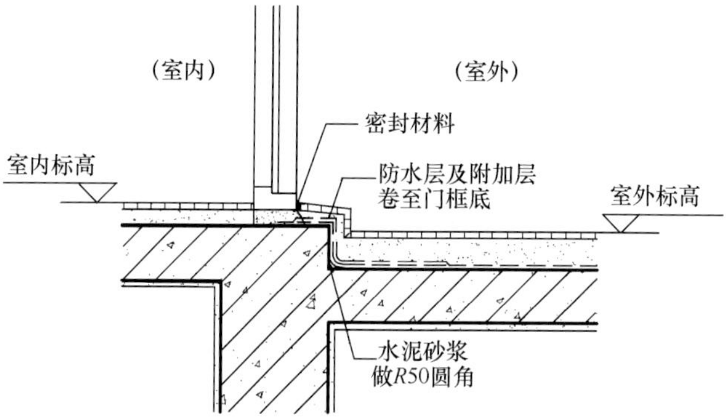
(室内)
(室外)
密封材料
室内标高
防水层及附加层
卷至门框底
室外标高
水泥砂浆
做R50圆角
图 3-14</td></tr>
</table>

3.10 厨房、卫生间、排气道渗水

质量常见问题	厨房、卫生间排气道渗水
规范、标准相关规定	《深圳市建设防水工程技术标准》SJG 19—2019 **7.1.5** 卫生间地面标高应比室内标高低 20mm。室内需防水设防的区域，不应跨越变形缝及结构易开裂和难以进行防水处理的部位。 **7.1.6** 厨房、卫生间四周砌体墙根应浇筑同墙宽的不低于 C25 的细石混凝土，高出地面完成面不应小于 200mm。地面防水层应上翻，高出地面完成面不应小于 200mm，与墙面防水层搭接宽度不应小于 100mm，卫生间地面防水层应超出门槛外侧 500mm 宽
原因分析	1. 防水材料未上翻到足够高度； 2. 烟道及排气道部位未设置导墙或导墙高度不够； 3. 排气道与墙体之间粘结不牢固，形成空隙
防治措施及通用做法	1. 按照设计及规范要求施工，排气道与反坎相交部位用聚合物防水砂浆填实； 2. 排气道周边按要求设置反坎，高度不宜小于完成面 200mm； 3. 防水层上翻高度需高出楼地面完成面 300mm 以上，平面出反坎周边不宜小于 250mm

参考图示	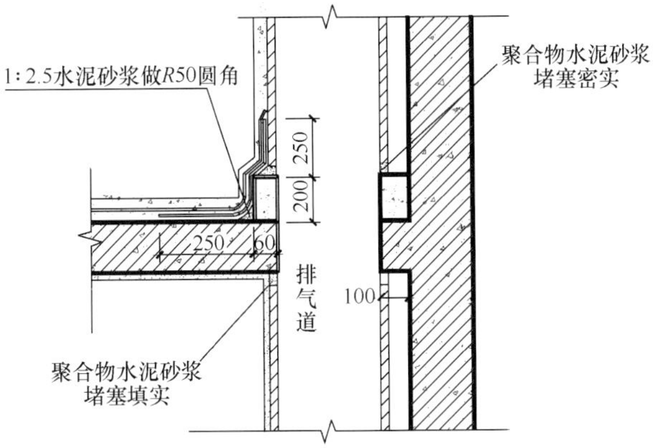1:2.5水泥砂浆做R50圆角 聚合物水泥砂浆 堵塞密实 250 200 250 60 排气道 100 聚合物水泥砂浆 堵塞填实 图 3-15

第四章　地　下　工　程

4.1　地下室底板渗漏水

质量常见问题	1. 地下室底板开裂渗漏水； 2. 地下室底板局部面状渗漏水； 3. 地下室底板点状或线状冒水
规范、标准相关规定	《地下工程防水技术规范》GB 50108—2008 **3.1.3**　单建式的地下工程，宜采用全封闭、部分封闭的防排水设计；附建式的全地下或半地下工程的防水设防高度，应高出室外地坪高程500mm以上。 **4.1.15**　防水混凝土施工前应做好降排水工作，不得在有积水的环境中浇筑混凝土。 《混凝土结构工程施工规范》GB 50666—2011 **7.3.7**　大体积混凝土的配合比设计，应符合下列规定： 1　在保证混凝土强度及工作性要求的前提下，应控制水泥用量，宜选用中、低水化热水泥，并宜掺加粉煤灰、矿渣粉。 **8.3.2**　混凝土浇筑应保证混凝土的均匀性和密实性。混凝土宜一次连续浇筑。 **8.3.3**　混凝土应分层浇筑，分层厚度应符合本规范第8.4.6条的规定，上层混凝土应在下层混凝土初凝之前浇筑完毕。 **8.7.3**　大体积混凝土施工时，应对混凝土进行温度控制。 《地下防水工程质量验收规范》GB 50208—2011 **3.0.10**　地下防水工程施工期间，必须保持地下水位稳定在工程底部最低高程500mm以下，必要时应采取降水措施。 **4.3.4**　铺贴防水卷材前，基面应干净、干燥，并应涂刷基层处理剂；当基面潮湿时，应涂刷湿固化型胶粘剂或潮湿界面隔离剂。 **4.4.3**　有机防水涂料基面应干燥。当基面较潮湿时，应涂刷湿固化型胶结剂或潮湿界面隔离剂；无机防水涂料施工前，基面应充分润湿，但不得有明水。

规范、标准相关规定	《大体积混凝土施工标准》GB 50496—2018 **3.0.4** 大体积混凝土施工温控指标应符合下列规定： 1 混凝土浇筑体在入模温度基础上的温升值不宜大于50℃； 2 混凝土浇筑体里表温差（不含混凝土收缩当量温度）不宜大于25℃； 3 混凝土浇筑体降温速率不宜大于2.0℃/d； 4 拆除保温覆盖时混凝土浇筑体与大气温差不应大于20℃。 **5.1.6** 超长大体积混凝土施工，结构有害裂缝控制应符合下列规定： 1 当采用跳仓法时，跳仓的最大分块单向尺寸不宜大于40m，跳仓间隔施工的时间不宜小于7d，跳仓接缝处应按施工缝的要求设置和处理； 2 当采用变形缝或后浇带时，变形缝或后浇带设置和施工应符合国家现行有关标准的规定。 **5.1.7** 混凝土入模温度宜控制在5℃～30℃
原因分析	1. 设计： 1）地下室底板未设计外防水或未按规范要求留设后浇带； 2）底板外防水未根据施工环境条件选择适宜的防水材料。 2. 施工： 1）大体积混凝土承台底板施工，未按大体积混凝土设计配合比； 2）大体积混凝土施工，未按要求控制温差； 3）浇筑承台底板混凝土前，未清净垫层上杂物和积水； 4）浇筑底板混凝土时，未按要求分层浇筑或混凝土振捣不均匀、不密实； 5）涂料防水层基层不平整、不干净、不干燥，防水涂层厚度不足或不均匀，细部节点部位防水加强处理措施不足； 6）卷材防水层搭接边粘结或焊接不密实，搭接边宽度不足，转角等加强宽度不足，自粘卷材基面不干净、不干燥，粘贴不密实； 7）基坑底部回填土不密实下沉，导致垫层混凝土下沉开裂，防水失效。 8）未按规范要求将地下水降至基坑底500mm以下，不符合要求时，也未采取盲沟排水措施，在有明水的垫层上直接施工防水层达不到防水效果，导致地下水在压力作用下渗透涌进尚未初凝的混凝土，使底板混凝土出现渗水蜂窝或渗水孔洞

<table>
<tr>
<td>防治措施及通用做法</td>
<td>1. 地下室底板在条件许可时，应设计外防水层；
2. 地下水位应降至基坑底 500mm 以下，不符合要求时，应在垫层下设置盲沟排水，必须在基坑面无明水的条件下，才能施工垫层混凝土，确保垫层面无明水施工防水层。
3. 根据基坑环境条件，选择适宜施工的防水材料；基面干净、平整、干燥时可选择有机防水涂料或自粘防水卷材；基面潮湿可选择湿铺防水卷材或预铺式防水卷材；
4. 防水卷材要确保搭接宽度符合规范要求（80～100mm），施工涂料防水层时要确保涂层厚度满足设计要求；在转角处、施工缝等部位，卷材要铺贴宽度不小于 500mm 的加强层，涂料要增加宽度不小于 500mm 的胎体增强材料和涂料；
5. 基坑底部有较多回填土又不密实时，底板应选用预铺式防水卷材；
6. 浇筑底板混凝土前，清干净基面杂物和积水；
7. 当承台底板为大体积混凝土时，按大体积混凝土设计配合比，并采取有效测温、控温措施，严控混凝土内外温差；
8. 大底板混凝土用后浇带分隔成若干块，每块混凝土一次分层连续浇筑，振捣均匀、密实，不留施工缝</td>
</tr>
<tr>
<td>参考图示</td>
<td>
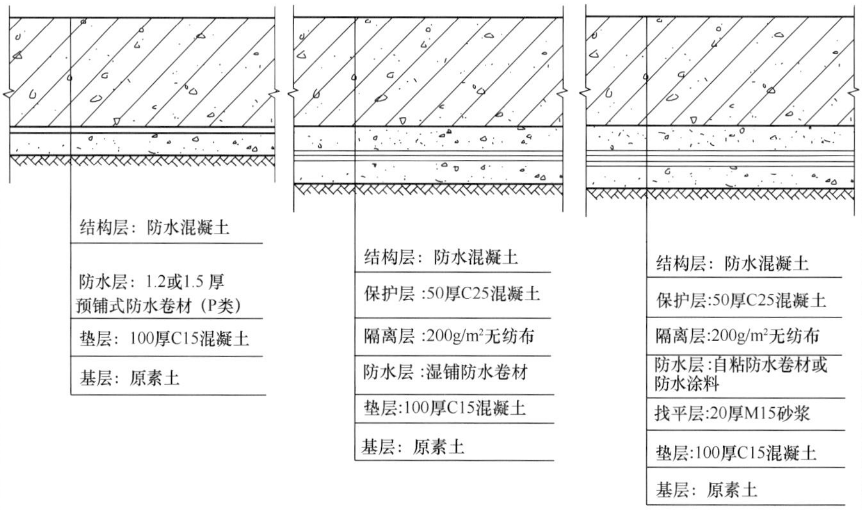

结构层：防水混凝土
防水层：1.2或1.5 厚预铺式防水卷材（P类）
垫层：100厚C15混凝土
基层：原素土
结构层：防水混凝土
保护层 :50厚C25混凝土
隔离层 :200g/m²无纺布
防水层 :湿铺防水卷材
垫层:100厚C15混凝土
基层：原素土
结构层：防水混凝土
保护层:50厚C25混凝土
隔离层:200g/m²无纺布
防水层:自粘防水卷材或防水涂料
找平层:20厚M15砂浆
垫层:100厚C15混凝土
基层：原素土

图 4-1
</td>
</tr>
</table>

4.2 底板上拱变形开裂冒水

质量常见问题	1. 板上拱变形开裂冒水； 2. 周边底板剪切开裂渗漏水
规范、标准相关规定	《建筑桩基技术规范》JGJ 94—2008 **4.2.1** 桩基承台的构造，应符合下列要求： 2 高层建筑平板式和梁板式筏形承台的最小厚度不应小于 400mm，墙体下布桩的剪力墙结构筏形承台的最小厚度不应小于 200mm。 **4.2.2** 承台混凝土材料及其强度等级应符合结构混凝土耐久性的要求和抗渗要求。 《高层建筑混凝土结构技术规程》JGJ 3—2010 **12.2.2** 高层建筑地下室设计，应综合考虑上部荷载、岩土侧压力及地下水的不利作用影响。地下室应满足整体抗浮要求，可采取排水、加配重或设置抗拔锚桩（杆）等措施。当地下水具有腐蚀性时，地下室外墙及底板应采取相应的防腐蚀措施。 **12.3.2** 高层建筑结构基础嵌入硬质岩石时，可在基础周边及底面设置砂质或其他材质褥垫层，垫层厚度可取 50mm～100mm；不宜采用肥槽填充混凝土做法
原因分析	1. 设计： （1）未充分考虑地下水对承台底板的上浮压力； （2）未设置足够的抗拔桩或锚杆锚固力不足； （3）承台底板结构厚度不足，或配筋不足。 2. 施工： （1）抗拔桩长度不足，未进入设计持力层； （2）抗拔桩扩大头尺寸不满足设计要求
防治措施及通用做法	1. 充分考虑雨季地下水位高度，地下水位高度应从室外地坪算起； 2. 设计地下室平板式或梁板式筏形承台底板，要按雨季水位计算地下水浮力，底板混凝土的厚度、刚度、配筋要满足主体尚未封顶时的抗浮要求，要计算底板抗弯、抗剪切能力；除了验算地下室整体抗浮外，还要验算每跨底板的局部抗浮能力；高层建筑平板式和梁板式筏形承台底板厚度不应小于 400mm； 3. 设计和施工抗拔桩或锚杆，要充分考虑桩型和地质存在不确定性缺陷，要有一定的安全系数

参考图示

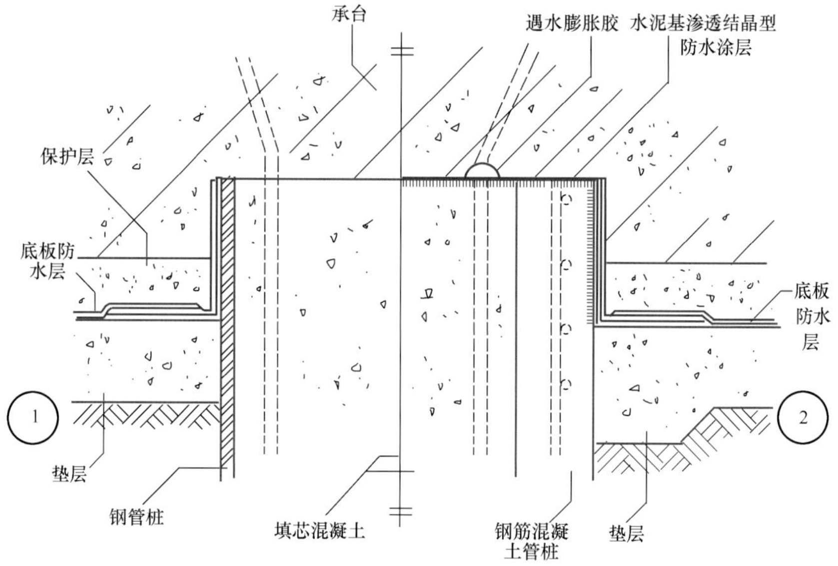

承台
遇水膨胀胶
水泥基渗透结晶型防水涂层
保护层
底板防水层
底板防水层
1
2
垫层
钢管桩
填芯混凝土
钢筋混凝土管桩
垫层

图 4-2

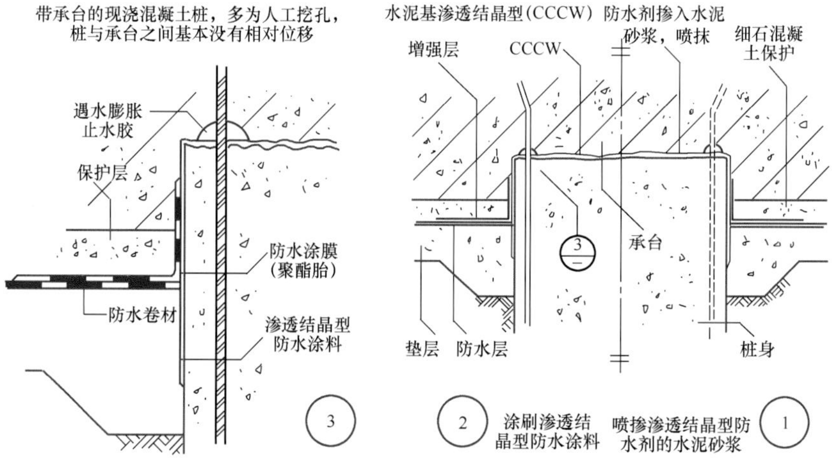

带承台的现浇混凝土桩，多为人工挖孔，桩与承台之间基本没有相对位移
遇水膨胀止水胶
保护层
防水涂膜（聚酯胎）
防水卷材
渗透结晶型防水涂料
3
水泥基渗透结晶型(CCCW) 防水剂掺入水泥砂浆，喷抹
增强层
CCCW
细石混凝土保护
承台
3
垫层
防水层
桩身
2
涂刷渗透结晶型防水涂料
喷掺渗透结晶型防水剂的水泥砂浆
1

CCCW防水剂在水泥砂浆中的掺量为0.7kg/m²

图 4-3

4.3 地下室后浇带渗漏水

质量常见问题	地下室底板、侧墙、顶板后浇带部位渗漏水
规范、标准相关规定	《地下工程防水技术规范》GB 50108—2008 **3.1.5** 地下工程变形缝（诱导缝）、施工缝、后浇带、穿墙管（盒）、预埋件、预留通道接头、桩头等细部构造，应加强防水措施。 **5.2.2** 后浇带应在其两侧混凝土龄期达到 42d 后再施工；高层建筑的后浇带施工应按规定时间进行。 **5.2.3** 后浇带应采用补偿收缩混凝土浇筑，其抗渗和抗压强度等级不应低于两侧混凝土。 **5.2.10** 后浇带混凝土施工前，后浇带部位和外贴式止水带应防止落入杂物和损伤外贴止水带。 **5.2.13** 后浇带混凝土应一次浇筑，不得留设施工缝；混凝土浇筑后应及时养护，养护时间不得少于 28d。 **5.2.14** 后浇带需超前止水时，后浇带部位的混凝土应局部加厚，并应增设外贴式或中埋式止水带。 《地下防水工程质量验收规范》GB 50208—2011 **5.3.1** 后浇带用遇水膨胀止水条或止水胶、预埋注浆管、外贴式止水带必须符合设计要求。 **5.3.5** 补偿收缩混凝土浇筑前，后浇带部位和外贴式止水带应采取保护措施。 **5.3.6** 后浇带两侧的接缝表面应先清理干净，再涂刷混凝土界面处理剂或水泥基渗透结晶型防水涂料；后浇混凝土的浇筑时间应符合设计要求
原因分析	1. 设计： （1）地下室后浇带部位无防水加强措施； （2）地下室底板后浇带用钢板止水带而不用遇水膨胀止水胶和预埋注浆管。 2. 施工： （1）高层建筑后浇带两侧有沉降差时，沉降未稳定，匆忙浇筑后浇带混凝土； （2）后浇带混凝土施工前，两侧表面未清理干净，底部杂物及浮浆未清除干净，积水未排净，两侧未打遇水膨胀止水胶和未用水泥基渗透结晶型防水涂料；

原因分析	（3）后浇带未用补偿收缩混凝土，浇筑后养护不足 28d； （4）顶板后浇带混凝土施工后，未及时施工防水层及上部构造层，裸露时间长，温差变形大，导致顶板结构开裂
防治措施及通用做法	1. 底板后浇带采用超前止水后浇带，不宜用钢板止水带，预埋注浆管或两侧打遇水膨胀止水胶和涂刷水泥基渗透结晶防水涂料； 2. 后浇带部位设防水加强带； 3. 底板和顶板后浇带部位盖模板保护，施工后浇带混凝土前彻底清除底部杂物和浮浆，排除干净积水； 4. 后浇带混凝土采用补偿收缩混凝土，强度提高一级，确保养护时间不少于 28d； 5. 后浇带两侧有差异沉降时，沉降稳定后再浇筑后浇带混凝土； 6. 顶板后浇带混凝土施工后，减少裸露时间，尽快完成防水层及上部构造层和覆土层，降低结构温度变形开裂风险
参考图示	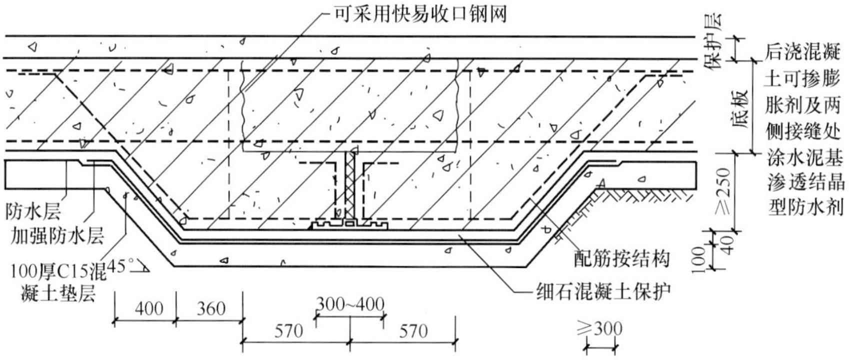可采用快易收口钢网 保护层 底板 后浇混凝土可掺膨胀剂及两侧接缝处涂水泥基渗透结晶型防水剂 ≥250 40 100 防水层 加强防水层 100厚C15混凝土垫层 45° 配筋按结构 细石混凝土保护 400 360 300~400 570 570 ≥300 图 4-4 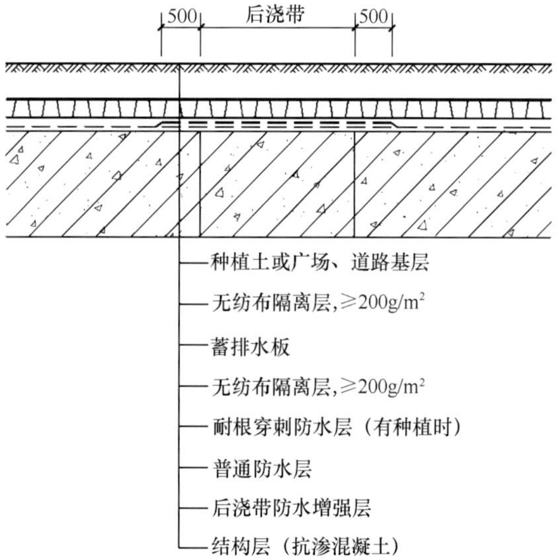500 后浇带 500 种植土或广场、道路基层 无纺布隔离层,≥200g/m² 蓄排水板 无纺布隔离层,≥200g/m² 耐根穿刺防水层（有种植时） 普通防水层 后浇带防水增强层 结构层（抗渗混凝土） 图 4-5

4.4 地下室侧墙渗漏

<table>
<tr><td>质量常见问题</td><td>地下室侧墙混凝土结构出现贯穿性裂缝而出现渗漏，或侧墙施工缝、后浇带出现渗漏</td></tr>
<tr><td>规范、标准相关规定</td><td>《高层建筑混凝土结构技术规程》JGJ 3—2010
12.2.3 高层建筑地下室不宜设置变形缝。当地下室长度超过伸缩缝最大间距时，可考虑利用混凝土后期强度，降低水泥用量；也可每隔30m～40m设置贯通顶板、底部及墙板的施工后浇带。后浇带可设置在柱距三等分的中间范围内以及剪力墙附近，其方向宜与梁正交，沿竖向应在结构同跨内；底板及外墙的后浇带宜增设附加防水层；后浇带封闭时间宜滞后45d以上，其混凝土强度等级宜提高一级，并宜采用无收缩混凝土，低温入模。
《地下工程防水技术规范》GB 50108—2008
3.1.4 地下工程迎水面主体结构应采用防水混凝土，并应根据防水等级的要求采取其他防水措施。
4.1.7 防水混凝土结构，应符合下列规定：
1 结构厚度不应小于250mm；
2 裂缝宽度不得大于0.2mm，并不得大贯通；
3 钢筋保护层厚度应根据耐久性和工程环境选用，迎水面钢筋保护层厚度不应小于50mm。
4.1.24 防水混凝土应连续浇筑，宜少留施工缝。当留设施工缝时，应符合下列规定：
1 墙体水平施工缝不应留在剪力最大处或底板与侧墙的交接处，应留在高出底板表面不小于300mm的墙体上。拱（板）墙结合的水平施工缝，宜留在拱（板）墙接缝以下150mm～300mm。墙体有预留孔洞时，施工缝距孔洞边缘不应小于300mm。
2 垂直施工缝应避开地下水和裂隙水较多的地段，并宜与变形缝相结合。
4.1.26 施工缝的施工应符合下列规定：
1 水平施工缝浇筑混凝土前，应将其表面浮浆和杂物清除，然后铺设净浆或涂刷混凝土界面处理剂、水泥基渗透结晶型防水涂料等材料，再铺设30mm～50mm的1∶1水泥砂浆，并应及时浇筑混凝土；
2 垂直施工缝浇筑混凝土前，应将其表面清理干净，再涂刷混凝土界面处理剂或水泥基渗透结晶型防水涂料，并应及时浇筑混凝土；
3 遇水膨胀止水条（胶）应与接缝表面密贴；</td></tr>
</table>

规范、标准相关规定	4 选用的遇水膨胀止水条（胶）应具有缓胀性能，7d的净膨胀率不宜大于最终膨胀率的60%，最终膨胀率宜大于220%； 5 采用中埋式止水带或预埋式注浆管时，应定位准确、固定牢靠。 **4.4.10** 有机防水涂料基层表面应基本干燥，不应有气孔、凹凸不平、蜂窝麻面等缺陷
原因分析	1. 设计： （1）地下室侧墙水平钢筋间距偏大，水平钢筋布置在竖向钢筋内侧，混凝土保护层偏大； （2）地下室超长，未按规范规定设置后浇带； （3）地下室未设计壁柱或暗柱。 2. 材料： （1）混凝土配合比不合理，水泥掺量过大，水化热过大，混凝土易产生收缩裂缝； （2）混凝土坍落度过大，产生过大的收缩变形。 3. 施工： （1）混凝土振捣不密实，产生蜂窝、孔洞，出现渗漏； （2）侧墙水平施工缝处理不当，沿施工缝出现渗漏； （3）侧墙混凝土拆模太早或养护不及时，混凝土凝结过程中出现早期收缩裂缝而渗漏； （4）固定模板用的对拉螺栓未采用止水螺栓或螺栓在拆模后未进行防水处理； （5）侧墙后浇带未设止水带，或后浇带两侧清除不干净，后浇带混凝土未采用补偿收缩混凝土，养护时间不足； （6）侧墙裂缝未进行压力灌浆封堵； （7）侧墙外防水层施工后未及时回填土，防水层长期暴露老化，降低防水功能
防治措施及通用做法	1. 地下室墙在保证配筋率的情况下，水平筋应尽量采用小直径、小间距的配筋方式，侧墙严格按30～40m设置一道后浇带，后浇带宽度宜为700～1000mm；超长的地下室外墙可在适当位置设置诱导缝，将混凝土的无规则裂缝引导至规定的部位； 2. 侧墙竖向钢筋宜放置在水平筋的内侧，有条件时在钢筋保护层内增设$\phi 4@100$抗裂钢筋网片； 3. 超大地下室建议侧墙每跨设一壁柱，在1/2跨或1/3跨位置设一暗柱，沿墙高的1/2或1/3处设暗梁；墙体1/2高位置上下各1m范围对水平筋间距加密，增加侧墙中部刚度；

防治措施及通用做法	4. 优化混凝土配合比，控制砂、石的含泥量，石子宜用 10～30mm 连续级配的碎石，砂宜用细度模数 2.6～2.8 的中粗砂，控制混凝土坍落度，宜为 130～150mm； 5. 施工中混凝土应加强振捣，保证混凝土的密实度，提高其抗渗性能，混凝土浇筑后延迟拆模时间，3d 后开始松开模板止水螺栓，5d 拆模，并加强养护，养护时间不少于 14d；控制混凝土早期开裂； 6. 地下室外墙水平施工缝宜留在距离底板 300～500mm 处，并设钢板止水带，二次浇筑前对施工缝进行打毛处理并冲洗干净。止水钢板遇柱箍筋时，可以做分肢箍，保证止水带的连续； 7. 固定模板用的螺栓采用止水螺栓，拆模后对螺杆孔用防水砂浆补实；施工缝上下各 250mm 范围内应设防水加强层（涂料防水层内宜设无纺布等增强胎）； 8. 侧墙后浇带应在结构变形稳定后（并不少于 45d）再浇筑，后浇带两侧固定模板用的钢板或模板应清理干净，再用高一个强度等级的补偿收缩混凝土补浇，后浇带两侧各 500mm 范围内设防水加强层； 9. 地下室侧墙防水应设在迎水面，做柔性防水层，以适应侧墙的变形和裂缝，防水层在转角、孔洞周边、施工缝、后浇带等易渗水部位设防水加强层，防水层施工应及时进行保护，防水层施工后及时回填土，防水层不得出现破损，如有破损应及时修补； 10. 涂料防水施工基层应平整干净，聚氨酯防水施工基层应干燥；基层不干燥时，可涂刷一道渗透环氧涂料封闭后再施工聚氨酯涂料；卷材防水不宜空铺，应粘贴密实，确保搭接宽度，封口密实
参考图示	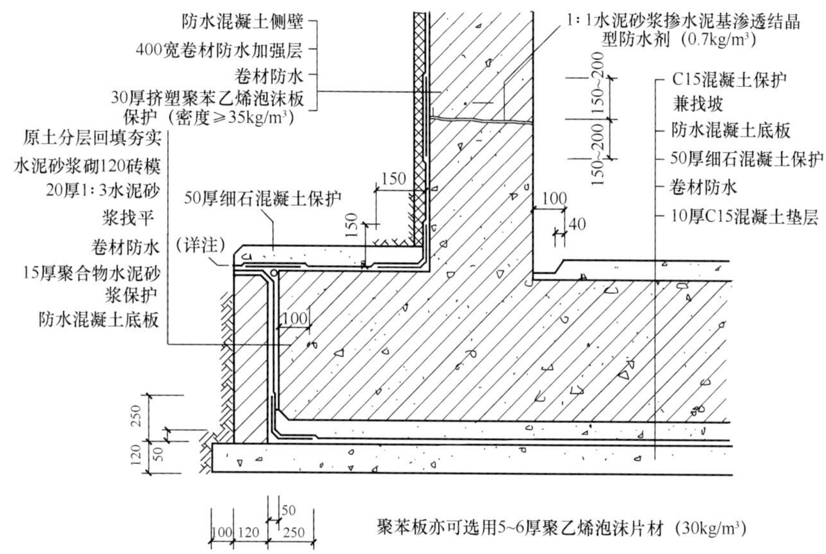 图 4-6

防水混凝土侧壁
400宽卷材防水加强层
卷材防水
30厚挤塑聚苯乙烯泡沫板保护（密度≥35kg/m³）
原土分层回填夯实
水泥砂浆砌120砖模
20厚1:3水泥砂浆找平
卷材防水
15厚聚合物水泥砂浆保护
防水混凝土底板
50厚细石混凝土保护
（详注）
1:1水泥砂浆掺水泥基渗透结晶型防水剂（0.7kg/m³）
C15混凝土保护兼找坡
防水混凝土底板
50厚细石混凝土保护
卷材防水
10厚C15混凝土垫层
150～200
150～200
150
150
100
100
40
250
50
120
100
120
50
250
聚苯板亦可选用5~6厚聚乙烯泡沫片材（30kg/m³）

参考图示	

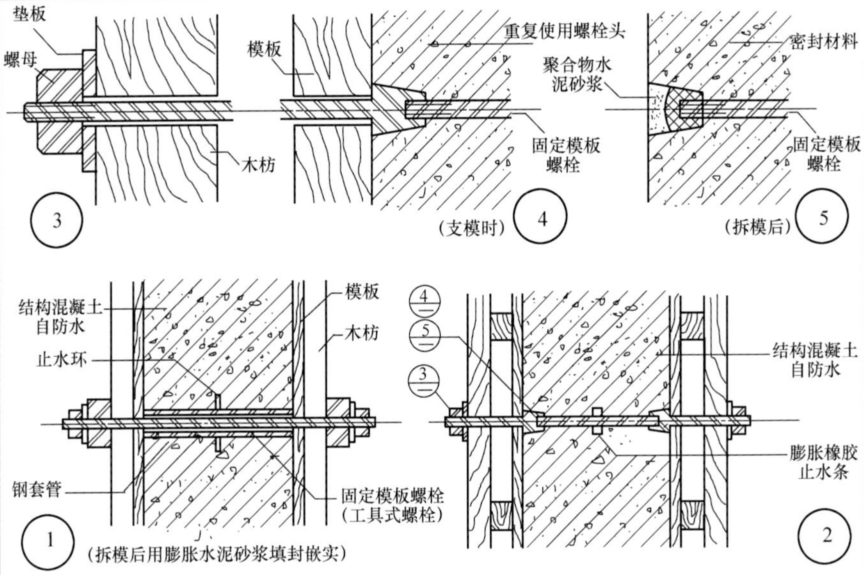

垫板
螺母
模板
木枋
重复使用螺栓头
聚合物水泥砂浆
固定模板螺栓
（支模时）
密封材料
（拆模后）
3
4
5
结构混凝土自防水
止水环
钢套管
模板
木枋
固定模板螺栓（工具式螺栓）
（拆模后用膨胀水泥砂浆填封嵌实）
1
膨胀橡胶止水条
2

图 4-7

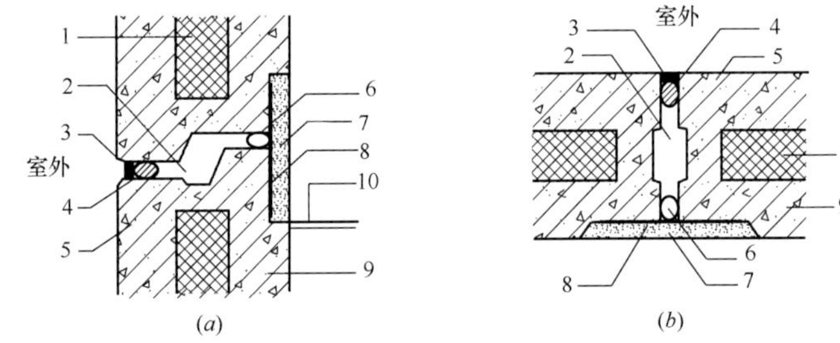

室外
1
2
3
4
5
6
7
8
9
10
(a)
(b)

图 4-8　水平缝、垂直缝防水构造

(a) 水平缝防水构造；(b) 垂直缝（T 型）防水构造

1—保温材料；2—空腔及排水槽；3—耐候建筑密封胶；4—发泡聚乙烯棒背衬；5—预制外挂墙板外叶板；6—橡胶止水条；7—聚合物水泥砂浆；8—接缝密封带；9—预制外挂墙板内叶板；10—楼面建筑面层

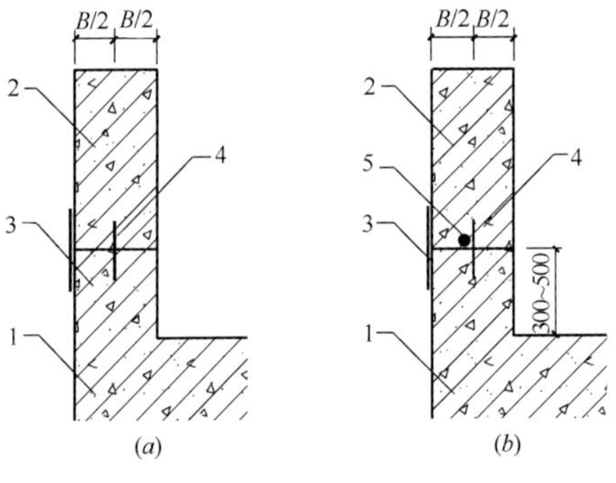

B/2
B/2
1
2
3
4
5
300~500
(a)
(b)

图 4-9　钢板止水带

(a) 钢板止水带或自粘丁基橡胶钢板止水带；(b) 钢板止水带＋遇水膨胀止水胶组合

1—底板或地下室楼板；2—侧墙；3—迎水面防水卷材或防水涂料；4—钢板止水带或自粘丁基橡胶钢板止水带；5—遇水膨胀止水条（胶）

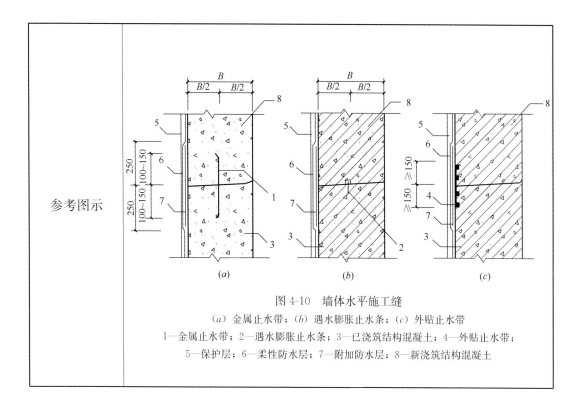

<table>
<tr><td>参考图示</td><td>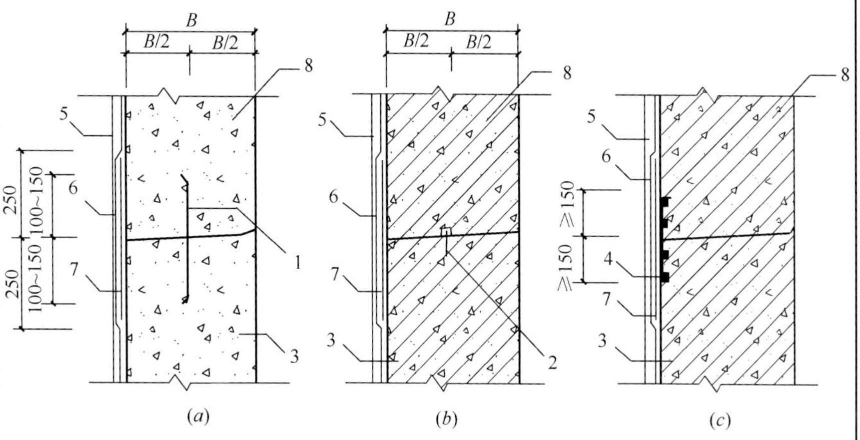
B
B/2
B/2
8
5
6
7
250
250
100~150
100~150
1
3
(a)
2
(b)
≥150
≥150
4
(c)
图 4-10　墙体水平施工缝
（a）金属止水带；（b）遇水膨胀止水条；（c）外贴止水带
1—金属止水带；2—遇水膨胀止水条；3—已浇筑结构混凝土；4—外贴止水带；
5—保护层；6—柔性防水层；7—附加防水层；8—新浇筑结构混凝土</td></tr>
</table>

4.5　地下室穿墙管道根部渗漏

<table>
<tr><td>质量常见问题</td><td>地下室穿墙管道根部出现渗漏</td></tr>
<tr><td>规范、标准相关规定</td><td>《地下工程防水技术规范》GB 50108—2008

5.3.1　穿墙管（盒）应在浇筑混凝土前预埋。
5.3.3　结构变形或管道伸缩量较小时，穿墙管可采用主管直接埋入混凝土内的固定式防水法，主管应加焊止水环或环绕遇水膨胀止水圈，并应在迎水面预留凹槽，槽内应采用密封材料嵌填密实。
5.3.6　穿墙管线较多时，宜相对集中，并应采用穿墙盒方法。穿墙盒的封口钢板应与墙上的预埋角钢焊严，并应从钢板上的预留浇注孔注入柔性密封材料或细石混凝土。
5.3.8　穿墙管伸出墙外的部位，应采取防止回填时将管体损坏的措施。

《地下防水工程质量验收规范》GB 50208—2011

5.4.6　当主体结构迎水面有柔性防水层时，防水层与穿墙管连接处应增设加强层</td></tr>
</table>

原因分析	1. 设计： （1）设计穿墙管未设置止水圈； （2）当结构变形过大时，未考虑管道与墙面柔性连接，管道不能适应结构变形，出现管道周边渗漏。 2. 材料： 遇水膨胀止水圈膨胀效果差，出现渗水通道。 3. 施工： （1）未按设计设置钢板止水环或钢板止水环焊接不严，出现渗水通道； （2）当穿墙管线较多时，管道之间后补混凝土浇筑不密实； （3）室外回填土作业时，未对管道采取保护措施，重型机械碾压使管道产生变形或与侧墙之间产生松动而渗水； （4）穿墙管部位未进行防水加强处理，管道集中处防水层封堵不严
防治措施及通用做法	1. 采用遇水膨胀止水圈的穿墙管，管径宜小于 50mm，止水圈采用胶粘剂满粘固定于管上，并应涂缓胀剂或腰身缓胀型遇水膨胀止水圈； 2. 金属止水环应与主管或套管满焊密实，采用套管式穿墙防水构造时，翼环与套管应满焊密实，并应在施工前将套管内表面清理干净； 3. 相邻穿墙管之间的间距应不小于 300mm； 4. 穿墙管线较多时，应相对集中，并应采用穿墙盒方法；穿墙盒的封口钢板应与墙上的预埋角钢焊严，应从钢板上预留浇注孔注入柔性密封材料（硬泡聚氨酯）或浇筑补偿收缩混凝土； 5. 穿墙管伸出墙外的部位，回填时应采取防止将管体损坏的措施； 6. 穿墙管根部应设置防水附加层，当采用柔性防水涂膜时应设胎体加强层
参考图示	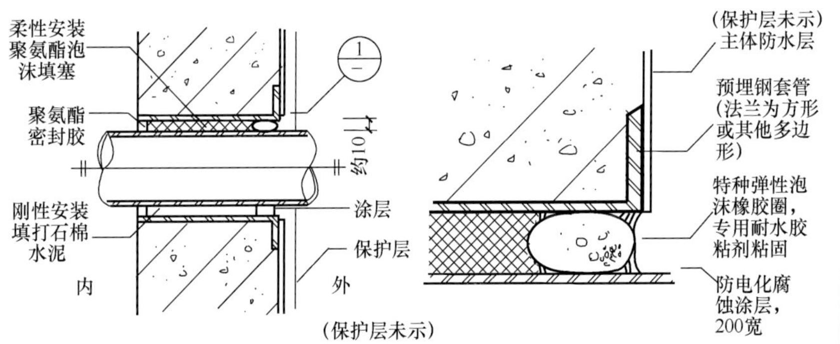柔性安装聚氨酯泡沫填塞 聚氨酯密封胶 刚性安装填打石棉水泥 内 外 涂层 保护层 约10 (保护层未示) (保护层未示) 主体防水层 预埋钢套管(法兰为方形或其他多边形) 特种弹性泡沫橡胶圈，专用耐水胶粘剂粘固 防电化腐蚀涂层，200宽 图 4-11

参考图示	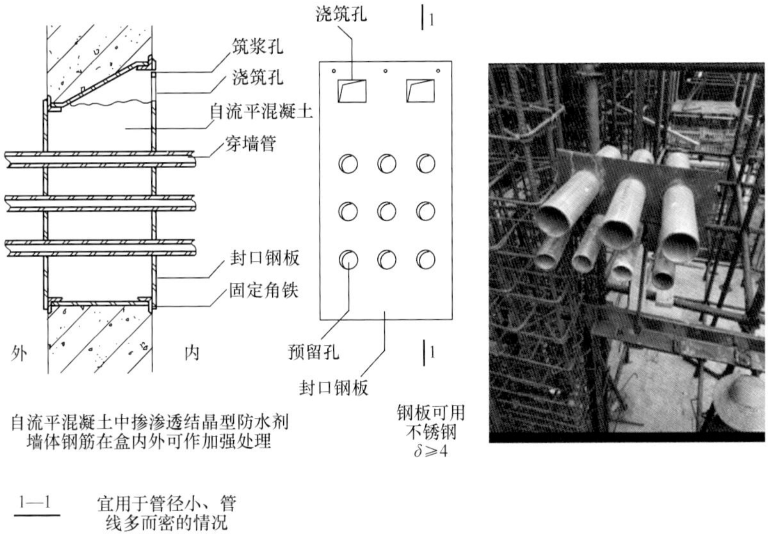浇筑孔 1 筑浆孔 浇筑孔 自流平混凝土 穿墙管 封口钢板 固定角铁 外 内 预留孔 1 封口钢板 自流平混凝土中掺渗透结晶型防水剂 墙体钢筋在盒内外可作加强处理 钢板可用 不锈钢 $\delta \geq 4$ 1—1 宜用于管径小、管 线多而密的情况 图 4-12

4.6 地下室顶板渗漏水

质量常见问题	1. 地下室顶板裂缝渗漏水； 2. 地下室顶板局部发霉或滴漏
规范、标准相关规定	《地下工程防水技术规范》GB 50108—2008 **4.1.7** 防水混凝土结构，应符合下列规定： 1 结构厚度不应小于 250mm。 **4.3.2** 卷材防水层应铺设在混凝土结构的迎水面。 **4.4.2** 无机防水涂料宜用于结构主体的背水面，有机防水涂料宜用于地下工程主体结构的迎水面，用于背水面的有机防水涂料应具有较高的抗渗性，且与基层有较好的粘结性。 **4.8.3** 地下工程种植顶板结构应符合下列规定： 1 种植顶板应为现浇防水混凝土，结构找坡，坡度宜为 1%～2%。 《地下防水工程质量验收规范》GB 50208—2011 **4.3.4** 铺贴防水卷材前，基面应干净、干燥，并应涂刷基层处理剂。 **4.3.6** 防水卷材的搭接宽度应符合表 4.3.6 的要求（即 80～100mm）。 **4.4.3** 有机防水涂料基面应干燥。 **4.4.5** 涂料防水层完工并经验收合格后应及时做保护层。 **4.4.8** 涂料防水层的平均厚度应符合设计要求，最小厚度不得小于设计厚度的 90%

原因分析	1. 设计： （1）地下室顶板抗渗混凝土结构厚度小于 250mm； （2）种植顶板未采用结构找坡，用轻质混凝土找坡；未设计耐根穿刺防水层。 2. 施工： （1）顶板混凝土振捣不密实，养护不足 14d； （2）顶板混凝土未达到设计强度，过早成为施工场地，堆载过重或重车碾压，导致顶板开裂渗漏； （3）防水层基面不平整、不干净、不干燥； （4）防水卷材粘贴不牢，搭接宽度不符合规范要求； （5）涂料防水层厚度不满足设计要求，厚度不均匀，接槎宽度不足 100mm； （6）转角处、穿管处等细部防水加强层处理不符合要求； （7）顶板后浇带混凝土浇筑后，未及时施工防水层及上部构造层，裸露时间长，温差变形大，导致顶板结构开裂； （8）防水层施工后未及时施工保护层及上部构造层，防水层老化失效。 3. 维护： （1）工程验收使用后，在顶板部位安装设备、支架等破坏原防水层； （2）在非种植顶板上栽种植物
防治措施及通用做法	1. 设计顶板抗渗混凝土结构厚度不小于 250mm，种植顶板结构找坡； 2. 顶板混凝土强度未达到设计值时，不应过早作为施工场地，堆载不应过重； 3. 顶板后浇带混凝土浇筑后，应及时施工防水层及上部构造层加以保护； 4. 种植顶板增加一道与其下层普通防水层材性相容的耐根穿刺防水层； 5. 防水层施工前和施工后，分别对结构基层和防水层做 24h（种植顶板 48h）蓄水试验，每层均不渗漏后才进行下道工序； 6. 防水涂料施工前，基面修补平顺，基面干净、干燥后才施工，施工时应确保涂层厚度符合设计及规范要求； 7. 防水卷材施工前，湿铺卷材基面层应干净、无明水，自粘卷材基面应平顺、干燥、干净。施工时应确保搭接宽度符合要求，粘贴牢固、密实，无气泡； 8. 转角处、管道穿板处、雨水口等细部采取防水加强措施，与墙、柱交接处，防水层上翻至地面以上不少于 500mm； 9. 防水层施工后及时施工保护层及上部构造层，防水层损伤要及时修补；

防治措施及通用做法	10. 使用中加强维护，原防水层一旦受到损坏，要由专业防水公司及时进行修补；不得任意扩大种植顶板范围
参考图示	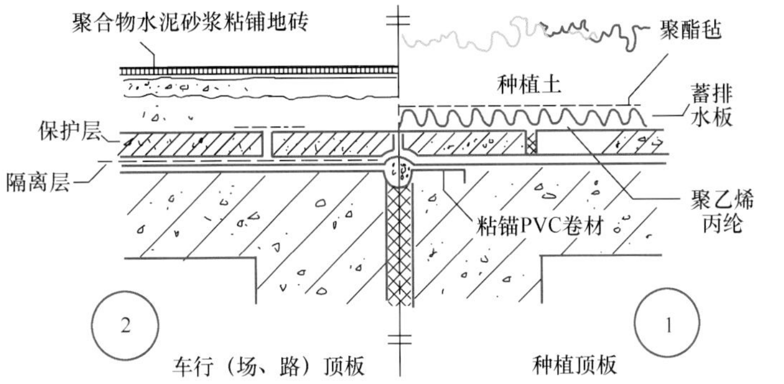聚合物水泥砂浆粘铺地砖 聚酯毡 种植土 蓄排水板 保护层 隔离层 聚乙烯丙纶 粘锚PVC卷材 2 1 车行（场、路）顶板 种植顶板 图 4-13

4.7 地下室顶板变形缝渗漏

质量常见问题	地下室顶板变形缝出现渗漏水
规范、标准相关规定	《地下工程防水技术规范》GB 50108—2008 **5.1.1** 变形缝应满足密封防水、适应变形、施工方便、检修容易等要求。 **5.1.4** 用于沉降的变形缝最大允许沉降差值不应大于 30mm。 **5.1.5** 变形缝的宽度宜为 20～30mm。 《屋面工程技术规范》GB 50345—2012 **4.11.18** 变形缝防水构造应符合下列规定： 1 变形缝泛水处的防水层下应增设附加层，附加层在平面和立面的宽度不应小于 250mm；防水层应铺贴或涂刷至泛水墙的顶部； 2 变形缝内应预填不燃保温材料，上部应采用防水卷材封盖，并放置衬垫材料，再在其上干铺一层卷材； 3 等高变形缝顶部宜加扣混凝土或金属盖板； 4 高低跨变形缝在立墙泛水处，应采用有足够变形能力的材料和构造做密封处理。 《种植屋面技术规程》JGJ 155—2013 **5.8.5** 变形缝的设计应符合现行国家标准《屋面工程技术规范》GB 50345 的规定。变形缝上不应种植，变形缝墙应高于种植土，可铺设盖板作为园路

<table>
<tr>
<td>原因分析</td>
<td>1. 设计：
（1）变形缝设计的钢筋混凝土反坎高度不够，长期浸水，容易出现渗漏；
（2）变形缝防水构造不合理；
（3）种植屋面变形缝设计在种植土下，植物的根刺容易穿透防水层，形成渗漏；
（4）钢管、PVC 管穿过变形缝，建筑物变形时管道根部出现渗漏。
2. 材料：
建筑密封胶的材质不满足要求，过早老化后出现渗漏。
3. 施工：
（1）变形缝在女儿墙处未断开，结构变形时，易出现变形缝处开裂而渗漏；
（2）变形缝两侧的反坎分两次浇筑，二次浇筑前又不进行凿毛处理，防水施工时又未设置防水加强层；
（3）管道穿过建筑物变形缝出现根部渗漏</td>
</tr>
<tr>
<td>防治措施及通用做法</td>
<td>1. 变形缝设计时，除应能满足建筑物的变形外，两侧反坎高度宜大于 300mm 并不低于种植土面 100mm；应画出防水节点大样图，并满足现行《屋面工程技术规范》GB 50345 的相关要求；
2. 种植顶板的变形缝宜高于种植土，避免长期处在潮湿环境下；
3. 管道尽量不穿越变形缝，应从变形缝上方弯过，并能适应建筑物的变形；
4. 变形缝施工时应确保所有结构处均断开，特别是遇有女儿墙等竖向结构处，应保证自由变形；
5. 变形缝两侧的反坎宜和结构顶板一次性浇筑，如必须分次浇筑，在二次浇筑前应进行凿毛处理，冲洗干净并设置防水加强层；
6. 变形缝嵌缝材料应选用单组分聚氨酯建筑密封胶；
7. 防水施工前应对变形缝结构处的阴角做成 45°或圆弧状，并应做防水加强层</td>
</tr>
<tr>
<td>参考图示</td>
<td>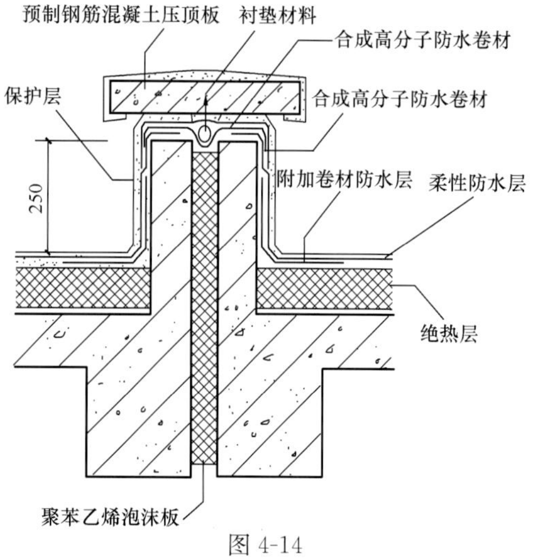
预制钢筋混凝土压顶板
衬垫材料
合成高分子防水卷材
保护层
合成高分子防水卷材
250
附加卷材防水层
柔性防水层
绝热层
聚苯乙烯泡沫板
图 4-14</td>
</tr>
</table>

参考图示	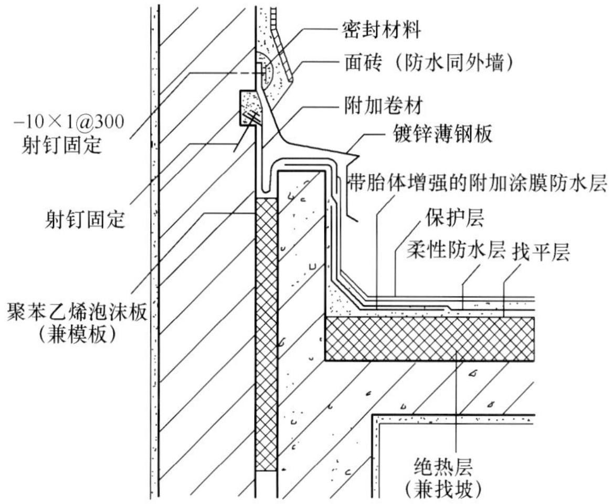 密封材料 面砖（防水同外墙） 附加卷材 镀锌薄钢板 带胎体增强的附加涂膜防水层 保护层 柔性防水层 找平层 –10×1@300 射钉固定 射钉固定 聚苯乙烯泡沫板 （兼模板） 绝热层 （兼找坡） 图 4-15

第五章　轨 道 交 通 工 程

5.1　明挖车站顶板

<table>
<tr><td>质量常见问题</td><td>1. 顶板钢筋混凝土开裂渗漏水；
2. 顶板防水层渗漏水；
3. 顶板施工缝渗漏水</td></tr>
<tr><td>规范、标准相关规定</td><td>《地铁设计规范》GB 50157—2013
11.2.1　作用在地下结构上的荷载组合，永久荷载应考虑混凝土收缩及徐变影响，可变荷载应计及温度变化影响。
11.2.9　混凝土收缩可按降低温度模拟。
11.2.10　隧道结构温度变化影响应根据所处地区的气温条件、运营环境及施工条件确定。
11.3.2　混凝土的原材料和配合比、最低强度等级、最大水胶比和单方混凝土的胶凝材料最小用量等，应符合耐久性要求，满足抗裂、抗渗、抗冻和抗侵蚀的需要。
11.3.3　大体积浇筑的混凝土应避免采用高水化热水泥，并宜掺入高效减水剂、优质粉煤灰或磨细矿渣等，同时应严格控制水泥用量，限制水胶比和控制混凝土入模温度。
12.1.4　地下工程应以混凝土结构自防水为主，以接缝防水为重点，并辅以防水层加强防水，并应满足结构使用要求。
12.2.1　地下工程防水混凝土的设计抗渗等级应符合表12.2.1的规定。
表 12.2.1　防水混凝土的设计抗渗等级
<table>
<tr><td rowspan="2">结构埋置深度（m）</td><td colspan="2">设计抗渗等级</td></tr>
<tr><td>现浇混凝土结构</td><td>装配式钢筋混凝土结构</td></tr>
<tr><td>h＜20</td><td>P8</td><td>P10</td></tr>
<tr><td>20≤h＜30</td><td>P10</td><td>P10</td></tr>
<tr><td>40＞h≥30</td><td>P12</td><td>P12</td></tr>
</table>
12.2.6　防水混凝土结构，应符合下列规定：
1　结构厚度不应小于250mm。
2　明挖车站顶板最大计算裂缝宽度允许值为0.3mm，并不得出现贯通裂缝。</td></tr>
</table>

<table>
<tr>
<td></td>
<td>

12.3.1 工程结构的防水应根据施工环境条件、结构构造形式、防水等级要求，选用卷材防水层、涂料防水层、塑料防水板防水层、膨润土防水层等。防水层应设置在结构迎水面或复合式衬砌之间。

《地下工程防水技术规范》GB 50108—2008

4.3.5 卷材防水层应符合下列规定：

2 卷材及其胶粘剂应具有良好的耐水性、耐久性、耐刺穿性、耐腐蚀性和耐菌性。

4.3.12 卷材防水层的基面应坚实、平整、清洁，阴阳角处应做圆弧或折角，并应符合所用卷材的施工要求。

4.3.14 不同品种防水卷材的搭接宽度，应符合表 4.3.14 的要求。

</td>
</tr>
<tr>
<td>规范、标准相关规定</td>
<td>

表 4.3.14 防水卷材搭接宽度

<table>
<tr><td>卷材品种</td><td>搭接宽度（mm）</td></tr>
<tr><td>弹性体改性沥青防水卷材</td><td>100</td></tr>
<tr><td>改性沥青聚乙烯胎防水卷材</td><td>100</td></tr>
<tr><td>自粘聚合物改性沥青防水卷材</td><td>80</td></tr>
<tr><td>三元乙丙橡胶防水卷材</td><td>100/60（胶粘剂/胶粘带）</td></tr>
<tr><td rowspan="2">聚氯乙烯防水卷材</td><td>60/80（单焊缝/双焊缝）</td></tr>
<tr><td>100（胶粘剂）</td></tr>
<tr><td>聚乙烯丙纶复合防水卷材</td><td>100（粘结料）</td></tr>
<tr><td>高分子自粘胶膜防水卷材</td><td>70/80（自粘胶/胶粘带）</td></tr>
</table>

</td>
</tr>
<tr>
<td>原因分析</td>
<td>

1. 顶板混凝土原材料控制失误、配合比错误、搅拌作业不当、运输时间长、现场灌注与振捣方法错误不当、没有采取足够的温度控制措施、养护与拆模的方法与时机不妥等因素，使得混凝土顶板水化热造成内外温差过大，在自身约束和新旧混凝土结合处约束条件下，结构内力无法充分释放等原因造成开裂并渗漏水。

2. 防水卷材搭接宽度不足，粘结强度不够，因基面不平整、尖刺、铺贴不紧密或成品未保护或保护不当等原因造成破损，形成渗漏通道。

3. 施工缝、变形缝等部位施作不到位，如施工缝凿毛不够、振捣不到位使得新老混凝土未充分有效结合、止水板变形移位、破损或污染形成渗漏通道等，导致渗漏水

</td>
</tr>
</table>

防治措施及通用做法	1. 拌合站专仓、专线确保混凝土质量均匀稳定，达到规范、设计要求。 2. 优化配合比减少水化热，采用内部降温、外部保温等措施减少混凝土内外温差，采用跳仓浇筑、设置后浇带等措施保证结构应力充分释放。 3. 应采取有效措施保证混凝土在运输过程中保持均匀性及各项工作性能指标不发生明显波动，混凝土运输路线应相对固定，严格控制混凝土运输时间，从而保证混凝土入模时间限制。 4. 炎热天气施工对混凝土施工最高温度和浇筑作业应有限制；新浇混凝土与邻接的已硬化的混凝土或岩土介质间的温差不得大于15℃；混凝土拆模时，芯部混凝土与表层混凝土之间的温差、表层混凝土与环境之间的温差均不得大于20℃（梁板体芯部混凝土与表层混凝土之间的温差、表层混凝土与环境之间的温差不得大于15℃）。在炎热和大风干燥季节，应采取有效措施防止混凝土在拆模过程中开裂。 5. 混凝土灌注入模温度一般宜控制在5～30℃；自由倾落高度不得大于2m；当大于2m时，应采用滑槽、串筒、漏斗等器具辅助输送混凝土，保证混凝土不出现分层离析现象；浇筑应采用分层连续推移的方式进行，间隙时间不得超过90min，不得随意留置施工缝；新浇混凝土与邻接的已硬化混凝土或岩土介质间浇筑时的温差不得大于15℃。 6. 混凝土的潮湿养护通常采用喷水或保水方法，或用湿砂土，湿麻袋覆盖。预制混凝土或寒冷天气中浇筑的混凝土通常用密封罩内送蒸汽的方法保持潮湿。在遮阳防晒条件下进行混凝土潮湿养护，比向混凝土外露面洒水养护有效。密封薄膜养护（不透水塑料薄膜或养护剂形成的薄膜）在水源不足时是很好的保温养护手段，但应注意薄膜密封前混凝土表面必须处于饱水状态。 7. 拆除模板或撤除保温防护后，如表面温度骤降，混凝土就可能会产生龟裂。只有当混凝土任何部位的温度都处于逐渐下降状态时，才能撤除防护。大体积混凝土不能降温过快，因为当混凝土内外存在温差时，表面骤冷的混凝土产生裂缝的可能性很大。混凝土采用干热保温时，必须补充足够的水分。 8. 施工缝采用强度、刚度、延展性能好又便于现场操作的止水带（条）等设计手段，采用高压水冲毛、止水带设置保护盒、保护支架等施工措施提高质量保证率；且应满足下列要求： （1）施工缝应将表面浮浆和杂物清理干净后，铺水泥砂浆或混凝土界面处理剂（若选用带注浆管膨润土橡胶遇水缓膨止水条，则需在施工缝表面涂刷水泥基渗透结晶型防水涂料，其用量为1.5kg/m^2），并及时浇筑混凝土。

防治措施及通用做法	（2）若选用带注浆管膨润土橡胶遇水缓膨止水条和外贴式止水带，则止水带采用焊接或粘结法固定在防水层上，要求安装平顺，粘贴牢固，位置准确，止水带接缝严密。 （3）对中埋式止水条，其要求如下： ① 带注浆管膨润土橡胶遇水缓膨止水条安装在预留凹槽内，当无法设置预留凹槽时，可直接粘贴在施工缝的表面，可用水泥钉或粘条固定止水条，要求安装牢固、平顺、接缝严密，连续中间不断开。 ② 遇水膨胀止水胶应将挤出的胶条牢固地粘贴在缝表面，胶条应连续，施工后需确认胶体与基面间无间隙，安装后应保护好成品。 ③ 钢板橡胶（丁基橡胶）腻子止水条，钢板两侧设有预留孔，孔的间距 250mm，采用钢丝固定在结构的钢筋上。 （4）若选用缓膨型止水胶则需安装注浆管及注浆导管，其要求如下： ① 注浆管的安装长度每段不超过 6m，并在两端安装注浆导管。注浆管必须与基面密贴，任何部位不得悬空。 ② 注浆导管与注浆管应连接牢固、严密，其末端安装塞子进行临时封闭。注浆导管埋入混凝土内的部分至少应有一处与结构钢筋绑扎牢固，出露长度不小于 150mm，导管引出端应设置在易于注浆施工的位置。 ③ 注浆管及注浆导管安装完毕后，应对成品严加保护，在其附近绑扎或焊接钢筋作业时，应采用临时遮挡措施。 9. 对需铺贴防水卷材的基面进行找平和清理，确保铺贴表面保持干燥、整洁、平整，按卷材尺寸等提前做好铺贴规划，保证防水卷材搭接顺序、宽度。 10. 成品保护应满足下列要求： （1）防水材料在运输、储存过程中应严格按相关要求，在铺设前应严格检查，对于破坏较大的防水材料应弃用，对于还未影响使用功能的修复后使用。 （2）铺设防水层前应对铺设基面严格检查，达到规范允许的平整度和材料铺设的相关要求后才能进行防水板的铺设。 （3）按照规范和相关要求严格施作防水层的保护层，保护层强度和厚度应满足设计要求。 （4）施工时，钢筋焊接应对防水层进行保护，以免焊接时对防水层造成破坏。 （5）顶板和底板采用细石混凝土、侧墙可采用移动保护板，经检验无破损才能灌注侧墙的防水钢筋混凝土。 11. 加强施工人员交底、资质准入、工艺培训、严把工序验收等措施

参考图示	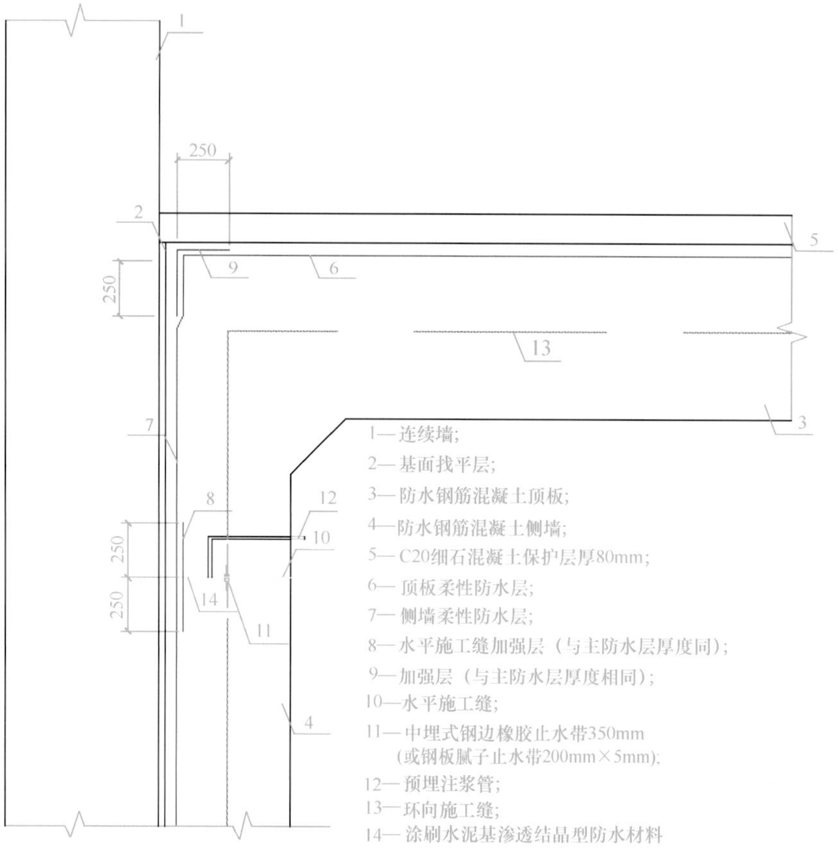 250 250 250 250 1 2 3 4 5 6 7 8 9 10 11 12 13 14 1—连续墙; 2—基面找平层; 3—防水钢筋混凝土顶板; 4—防水钢筋混凝土侧墙; 5—C20细石混凝土保护层厚80mm; 6—顶板柔性防水层; 7—侧墙柔性防水层; 8—水平施工缝加强层（与主防水层厚度同）; 9—加强层（与主防水层厚度相同）; 10—水平施工缝; 11—中埋式钢边橡胶止水带350mm （或钢板腻子止水带200mm×5mm）; 12—预埋注浆管; 13—环向施工缝; 14—涂刷水泥基渗透结晶型防水材料 图 5-1　顶板防水结构图

5.2　明挖车站的侧墙

质量常见问题	1. 围护结构渗漏； 2. 侧墙防水层渗漏； 3. 侧墙钢筋混凝土开裂渗漏； 4. 侧墙施工缝渗漏
规范、标准及相关规定	《地铁设计规范》GB 50157—2013 混凝土结构开裂渗漏同 5.1 节。 **12.1.4**　地下工程应以混凝土结构自防水为主，以接缝防水为重点，并辅以防水层加强防水，并应满足结构使用要求。 **12.3.2**　防水层的设置方式应符合下列要求：

规范、标准及相关规定	9　卷材及其胶粘剂应具有良好的耐水性、耐久性、耐穿刺性、耐侵蚀性和耐菌性，其胶粘剂的粘结质量应符合现行国家标准《地下工程防水技术规范》GB 50108 的有关规定。 **12.7.1**　施工缝防水应符合下列规定： 1　复合墙结构的环向施工缝设置间距不宜大于 24m，叠合墙结构的环向施工缝设置间距不宜大于 12m。 2　墙体水平施工缝应留在高出底板表面不小于 300mm 的墙体上。拱（板）墙结合的水平施工缝宜留在拱（板）墙接缝线以下 150～300mm 处。施工缝距孔洞边缘不应小于 300mm。 3　水平施工缝浇灌混凝土前，应先将其表面浮浆和杂物清除，先铺净浆或涂刷界面处理剂、水泥基渗透结晶型防水涂料，再铺 30mm～50mm 厚的 1∶1 水泥砂浆，并应及时浇筑混凝土；垂直施工缝浇筑混凝土前，应将其表面凿毛并清理干净，并应涂刷混凝土界面处理剂或水泥基渗透结晶型防水涂料，同时应及时浇筑混凝土
原因分析	1. 混凝土结构开裂渗漏、施工缝渗漏同 5.1 节。 2. 围护结构接缝部位处理不到位，如地连墙接头部位清理不到位出现夹渣夹泥，排桩、咬合桩垂直度控制不到位出现底部开叉，桩间止水（高压旋喷桩、搅拌桩等）效果不佳（地质、施工原因），围护结构底部绕渗，地连墙灌注不连续出现冷缝夹泥等缺陷； 3. 防水卷材搭接宽度、粘结强度不够，因基面不平整、尖刺、铺贴不紧密等原因造成破损，形成渗漏通道； 4. 侧墙混凝土原材料不稳定，水化热造成内外温差过大，结构应力未充分释放等原因产生裂缝； 5. 施工缝、变形缝等部位施作不到位（如施工缝凿毛不够、振捣不到位，使得新老混凝土未充分有效结合、止水片变形破损或污染，形成渗漏通道）导致渗漏水
防治措施及通用做法	1. 混凝土结构开裂渗漏、施工缝渗漏和成品保护同 5.1 节。 2. 根据地质情况采用“两钻一抓”等成熟施工工艺，及镀锌薄钢板防绕流、严控泥浆参数、接头箱、接头刷壁等措施保证地连墙接头施工质量；根据实际出现的不利地质（强透水层如砂层、粉细砂层、全强风化层、淤泥填块石层等）采用底部注浆和接缝注浆补充完善围护结构防水体系；若围护结构表面有渗漏水现象，应对围护结构背后注浆堵水，做到侧墙铺设柔性防水层无明水施工。 3. 排桩和地下连续墙抗渗等级≥P6，以加强桩间、地下连续墙接缝间止水。

<table>
<tr><td>防治措施及通用做法</td><td>4. 防水卷材铺设基面要求平整、坚固、无尖锐物突出，后铺时要求无明显渗漏（允许少量湿迹）。卷材部位先弹线后铺设，要求铺设平顺、舒展、无褶皱、无隆起，后铺时要求满粘、无空鼓、密贴、粘贴牢固。卷材搭接保证连续、可靠、粘贴牢固、不渗水，搭接宽度满足设计和规范要求。防水层破损部位应采用双面粘同材质材料进行修补，补丁满粘在破损部位，补丁四周距破损边缘的最小距离不小于 100mm。
5. 拌合站专仓、专线确保混凝土质量达到规范、设计要求，优化配合比减少水化热，跳仓浇筑、设置后浇带等措施保证结构应力充分释放。
6. 施工缝表面应按规范要求进行凿毛并清理干净，并应涂刷混凝土界面处理剂或水泥基渗透结晶型防水涂料。止水带固定应牢固、可靠、顺直，不得出现扭曲、变形现象，混凝土浇筑时避免止水带松动，采用止水带中置的固定措施，确保止水带埋设深度及顺直，止水带接头部位连接牢固，满足设计要求</td></tr>
<tr><td>参考图示</td><td>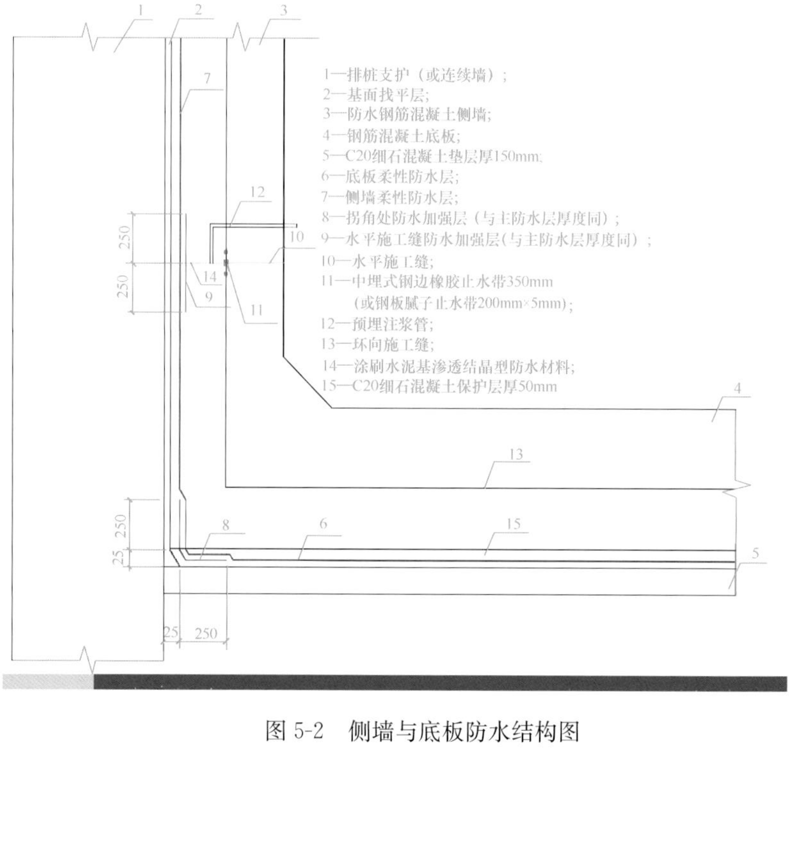
1—排桩支护（或连续墙）；
2—基面找平层;
3—防水钢筋混凝土侧墙;
4—钢筋混凝土底板;
5—C20细石混凝土垫层厚150mm;
6—底板柔性防水层;
7—侧墙柔性防水层;
8—拐角处防水加强层（与主防水层厚度同）；
9—水平施工缝防水加强层(与主防水层厚度同）；
10—水平施工缝;
11—中埋式钢边橡胶止水带350mm
(或钢板腻子止水带200mm×5mm);
12—预埋注浆管;
13—环向施工缝;
14—涂刷水泥基渗透结晶型防水材料;
15—C20细石混凝土保护层厚50mm
250
250
250
25
25
250
图 5-2　侧墙与底板防水结构图</td></tr>
</table>

<table>
<tr><td>参考图示</td><td>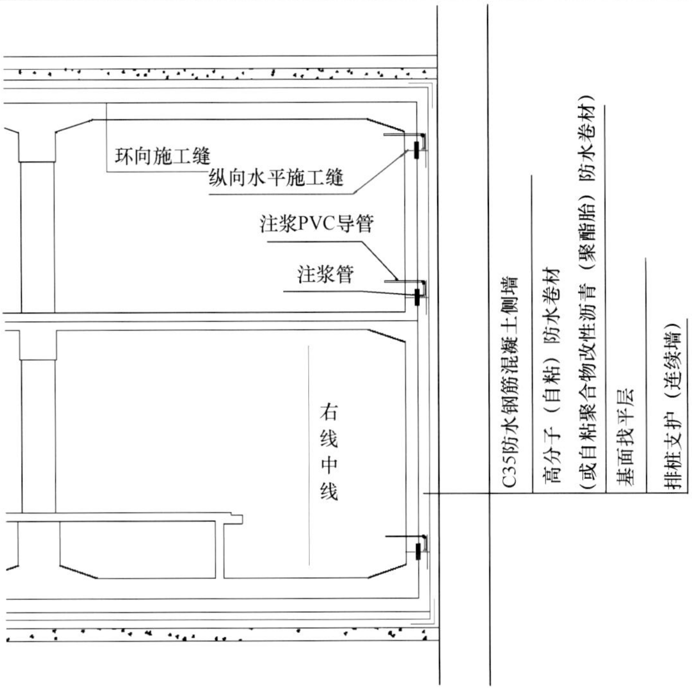
环向施工缝
纵向水平施工缝
注浆PVC导管
注浆管
右线中线
C35防水钢筋混凝土侧墙
高分子（自粘）防水卷材
（或自粘聚合物改性沥青（聚酯胎）防水卷材）
基面找平层
排桩支护（连续墙）
图 5-3　侧墙防水结构图</td></tr>
</table>

5.3　明挖车站底板的渗漏

<table>
<tr><td>质量常见问题</td><td>1. 基底不满足防水卷材铺设要求；
2. 底板混凝土出现裂缝；
3. 降水井、抗拔桩等接头部位渗漏水；
4. 防水层质量不合格</td></tr>
<tr><td>规范、标准相关规定</td><td>《地铁设计规范》GB 50157—2013
混凝土结构开裂渗漏同 5.1 节。
12.1.4　地下工程应以混凝土结构自防水为主，以接缝防水为重点，并辅以防水层加强防水，并应满足结构使用要求。
12.2.1　地下工程防水混凝土的设计抗渗等级应符合表 12.2.1 的规定。
表 12.2.1　防水混凝土的设计抗渗等级
<table>
<tr><td rowspan="2">结构埋置深度
（m）</td><td colspan="2">设计抗渗等级</td></tr>
<tr><td>现浇混凝土结构</td><td>装配式钢筋混凝土结构</td></tr>
<tr><td>$h<20$</td><td>P8</td><td>P10</td></tr>
<tr><td>$20\leqslant h<30$</td><td>P10</td><td>P10</td></tr>
<tr><td>$40>h\geqslant 30$</td><td>P12</td><td>P12</td></tr>
</table></td></tr>
</table>

规范、标准相关规定	**12.2.6** 防水混凝土结构，应符合下列规定： 1 结构厚度不应小于250mm。 **12.3.1** 工程结构的防水应根据施工环境条件、结构构造形式、防水等级要求，选用卷材防水层、涂料防水层、塑料防水板防水层、膨润土防水层等。防水层应设置在结构迎水面或复合式衬砌之间
原因分析	1. 混凝土结构开裂渗漏、施工缝渗漏同5.1节； 2. 地下水丰富，降水效果不佳导致基坑唧泥、积水； 3. 底板混凝土原材料不稳定，混凝土水化热造成内外温差过大，结构应力未充分释放等原因产生裂缝； 4. 降水井、抗拔桩等接头部位处理不到位； 5. 施工缝、变形缝等部位施作不到位导致渗漏水； 6. 防水卷材搭接宽度不够、破损
防治措施及通用做法	1. 混凝土结构开裂渗漏、施工缝渗漏和成品保护同5.1节。 2. 基底水位降至基底以下1m，基底开挖至设计标高人工找平，保证基底平整、无积水、无浮渣，基地承载力满足设计要求，基底验收合格后立即浇筑垫层。 3. 拌合站专仓、专线确保混凝土质量达到规范、设计要求，优化配合比减少水化热，跳仓浇筑、设置后浇带等措施保证结构应力充分释放；做好混凝土保温养护措施，减少混凝土内外温差。 4. 抗拔桩位置应先对桩头清泥，凿除桩顶浮碴，凿平至底板垫层面。在底板防水板上沿桩头周围设置PVC外贴式止水带实行分区防水，防止基坑底的水沿桩身浸入底板。施工时应注意与底板防水层的搭接。必要时，在桩身设置止水钢环。 5. 割除伸出基底上的降水井花纹钢管，然后焊接防水钢套管，钢套管采用与降水井直径一样大的无缝钢管，并提前焊接好止水翼板，止水翼板采用100mm宽、8mm厚的钢板制作加工而成，钢套管与降水井连接部位满焊，焊缝部位涂刷单组分聚氨酯密封胶，提高止水翼板的止水效果。在钢套管底部与底板垫层处用砂浆抹成100mm×50mm倒角状，然后在转角部位铺贴50cm宽防水加强层，之后在加强层外铺贴防水卷材，防水卷材紧贴钢套管并上卷至止水翼板下边缘位置，卷材端口用单组分聚氨酯密封胶封口。降水井封堵在主体结构施工完成后再进行封堵，封堵采用比底板低一等级的混凝土浇筑，主体施工阶段保持降水井的持续运行。 6. 施工缝表面应按规范要求进行凿毛并清理干净，并应涂刷混凝土界面处理剂或水泥基渗透结晶型防水涂料。止水带固定应牢固、可靠、顺直，不得出现扭曲、变形现象，混凝土浇筑时避免混凝土松动止水带，混凝土应浇筑至止水带中间靠上1～2cm，浇筑后及时清理止水带上粘结混凝土。

<table>
<tr>
<td>防治措施及通用做法</td>
<td>7. 防水卷材铺设基面要求平顺、坚固、无尖锐物突出，后铺时要求无明水（允许潮湿）。卷材部位先弹线后铺设，要求铺设平顺、舒展、无褶皱、无隆起，后铺时要求反应满粘无空鼓、密贴、粘贴牢固。卷材搭接保证连续、可靠、粘贴牢固、不渗水，搭接宽度满足设计和规范要求。防水层破损部位应采用双面粘同材质材料进行修补，补丁满粘在破损部位，补丁四周距破损边缘的最小距离不小于 100mm</td>
</tr>
<tr>
<td>参考图示</td>
<td>
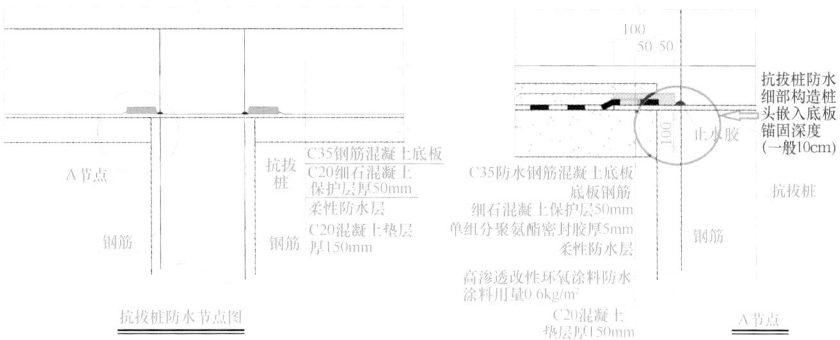

A 节点
抗拔桩
钢筋
钢筋
C35钢筋混凝土底板
C20细石混凝土保护层厚50mm
柔性防水层
C20混凝土垫层厚150mm
抗拔桩防水节点图
100
50 50
100
止水胶
抗拔桩防水细部构造桩头嵌入底板锚固深度(一般10cm)
C35防水钢筋混凝土底板
底板钢筋
细石混凝土保护层50mm
单组分聚氨酯密封胶厚5mm
柔性防水层
高渗透改性环氧涂料防水涂料用量0.6kg/m²
C20混凝土垫层150mm
抗拔桩
钢筋
A节点

图 5-4 抗拔桩防水处理图

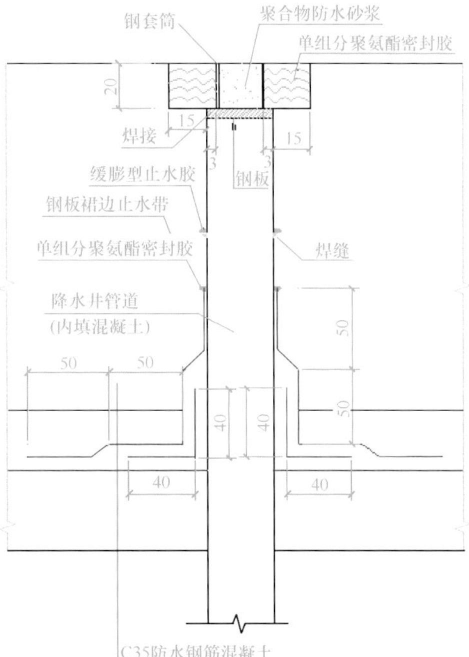

钢套筒
聚合物防水砂浆
单组分聚氨酯密封胶
20
15
15
焊接
3
3
钢板
缓膨型止水胶
钢板裙边止水带
单组分聚氨酯密封胶
焊缝
降水井管道
(内填混凝土)
50
50
50
50
40
40
40
40
C35防水钢筋混凝土
C20细石混凝土保护层厚50
柔性防水层加强层
双面自粘性胶条厚1.2,宽80
柔性防水层
C20细石混凝土垫层厚150

图 5-5 降水井穿通防水层示意图
</td>
</tr>
</table>

参考图示

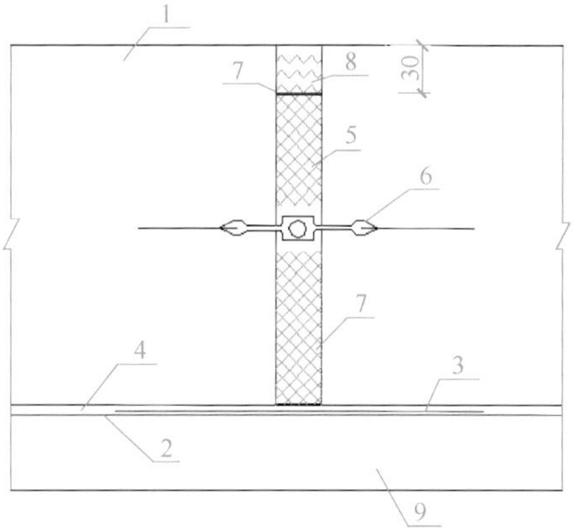

1
8
7
30
5
6
7
4
3
2
9

1—主体结构;
2—外包柔性防水层;
3—柔性防水层加强层（宽度600mm）;
4—C20细石混凝土保护层;
5—填充材料;
6—钢边（不锈钢）橡胶止水带;
7—隔离层（牛皮纸）;
8—高模量单组分聚氨酯密封胶;
9—垫层

图 5-6　底板变形缝防水结构图

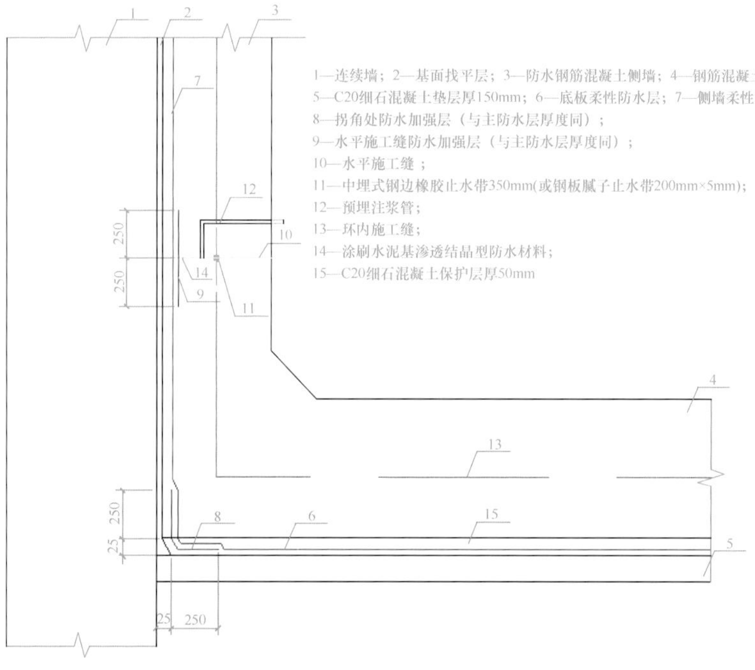

1
2
3
7
1—连续墙；2—基面找平层；3—防水钢筋混凝土侧墙；4—钢筋混凝土底板；
5—C20细石混凝土垫层厚150mm；6—底板柔性防水层；7—侧墙柔性防水层；
8—拐角处防水加强层（与主防水层厚度同）；
9—水平施工缝防水加强层（与主防水层厚度同）；
10—水平施工缝 ；
11—中埋式钢边橡胶止水带350mm(或钢板腻子止水带200mm×5mm);
12—预埋注浆管;
13—环内施工缝;
14—涂刷水泥基渗透结晶型防水材料;
15—C20细石混凝土保护层厚50mm
12
10
250
250
14
9
11
4
13
250
25
8
6
15
5
25
250

图 5-7　底板防水结构图

5.4 盖挖车站侧墙渗漏水

质量常见问题	1. 围护结构渗漏水； 2. 边墙与顶板衔接部位防水渗漏； 3. 防水层渗漏水； 4. 侧墙钢筋混凝土渗漏水； 5. 施工缝渗漏水； 6. 中板或顶板腋角下部渗漏水
规范、标准相关规定	《地铁设计规范》GB 50157—2013 混凝土结构开裂渗漏同 5.1 节。 **12.2.1** 地下工程防水混凝土的设计抗渗等级应符合表 12.2.1 的规定。 **12.2.6** 防水混凝土结构，应符合下列规定： 1 结构厚度不应小于 250mm； 2 裂缝宽度应符合表 11.6.1 的规定，并不得出现贯通裂缝。 **12.3.1** 防水层应设在结构迎水面或复合衬砌之间
原因分析	1. 混凝土结构开裂渗漏、施工缝渗漏同 5.1 节； 2. 围护结构接缝部位处理不到位，地连墙接头部位清理不到位、咬合桩垂直度控制不到位； 3. 因为盖挖施工工艺导致防水卷材无法实现全包封闭； 4. 防水卷材搭接宽度不够、破损； 5. 侧墙混凝土原材料不稳定，混凝土水化热造成内外温差过大，结构应力未充分释放等原因产生裂缝； 6. 施工缝等部位施作不到位，导致渗漏水； 7. 中板或顶板腋角下混凝土浇筑不密实
防治措施及通用做法	1. 混凝土结构开裂渗漏、施工缝渗漏和成品保护同 5.1 节。 2. 加强围护结构接缝部位施工质量管控，地连墙施工时进行刷壁，清理接头部位附着泥浆，控制围护结构施工误差。 3. 侧墙与顶板位置应先将表面浮浆和杂物清除，涂刷水泥基渗透结晶型防水涂料，在侧墙中线位置预埋缓膨型止水胶条并预埋注浆管防水。 4. 防水卷材铺设基面要求平顺、坚固、无尖锐物突出，后铺时要求无明水（允许潮湿）。卷材部位先弹线后铺设，要求铺设平顺、舒展、无褶皱、无隆起，后铺时要求反应满粘、无空鼓、密贴、粘贴牢固。卷材搭接保证连续可靠、粘贴牢固、不渗水，搭接宽度满足设计和规范要求。防水层破损部位应采用双面粘同材质材料进行修补，补丁满粘在破损部位，补丁四周距破损边缘的最小距离不小于 100mm。

防治措施及通用做法	5. 拌合站专仓、专线确保混凝土质量达到规范、设计要求，优化配合比减少水化热，跳仓浇筑、设置后浇带等措施保证结构应力充分释放。 6. 施工缝表面应按规范要求进行凿毛并清理干净，并应涂刷混凝土界面处理剂或水泥基渗透结晶型防水涂料。止水带固定应牢固、可靠、顺直，不得出现扭曲、变形现象，混凝土浇筑时避免止水带松动，采用止水带中置固定措施，确保止水带埋设深度及顺直，止水带接头部位连接牢固，满足设计要求。 7. 侧墙与顶部或中板填充细石混凝土，并预埋注浆管后期注浆止水
参考图示	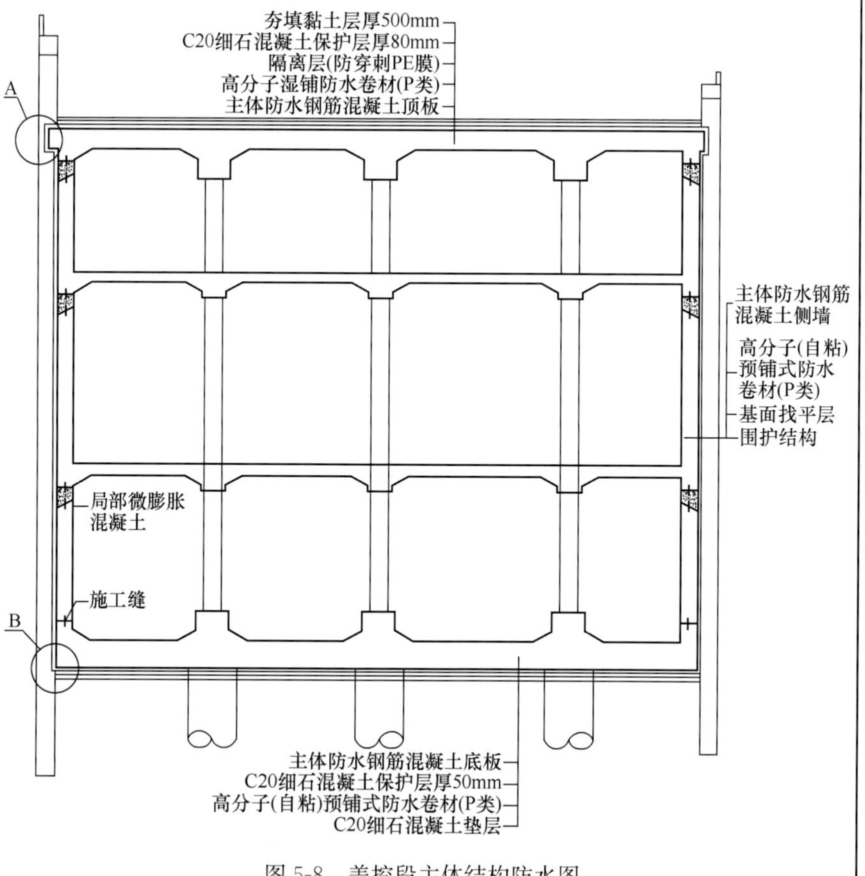 夯填黏土层厚500mm C20细石混凝土保护层厚80mm 隔离层(防穿刺PE膜) 高分子湿铺防水卷材(P类) 主体防水钢筋混凝土顶板 A 主体防水钢筋混凝土侧墙 高分子(自粘)预铺式防水卷材(P类) 基面找平层 围护结构 局部微膨胀混凝土 施工缝 B 主体防水钢筋混凝土底板 C20细石混凝土保护层厚50mm 高分子(自粘)预铺式防水卷材(P类) C20细石混凝土垫层 图 5-8　盖挖段主体结构防水图

参考图示

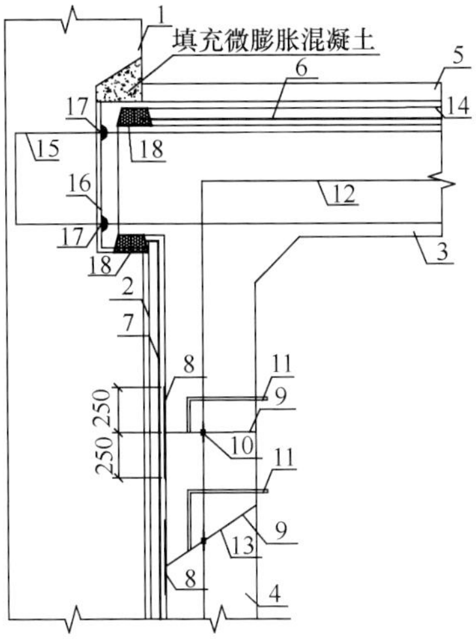

填充微膨胀混凝土
1
5
6
14
17
18
15
16
17
18
12
3
2
7
8
11
9
250
250
250
10
11
9
13
8
4

1—连续墙；
2—基面找平层；
3—防水钢筋混凝土顶板；
4—防水钢筋混凝土侧墙；
5—C20细石混凝土保护层厚80mm；
6—顶板高分子湿铺防水卷材(P类)；
7—侧墙高分子(自粘)预铺式防水卷材(P类)；
8—水平施工缝防水加强层(双面自粘,厚1.5mm)；
9—水平施工缝；
10—施工缝钢板橡胶(丁基橡胶)腻子止水带；
11—预埋注浆管；
12—环向施工缝；
13—涂刷水泥基渗透结晶防水材料；
14—顶板隔离层(防穿刺PE膜)；
15—顶板钢筋；
16—渗透改性环氧涂料防水涂料用量0.6kg/m²；
17—止水胶；
18—单组分聚氨酯密封胶厚5mm

图 5-9

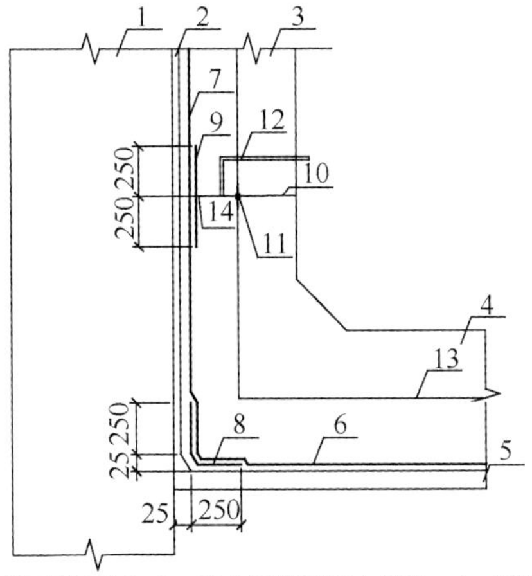

1
2
3
7
9
12
10
250
250
14
11
4
13
250
25
8
6
5
25
250

1—连续墙；2—基面找平层；3—防水钢筋混凝土侧墙；4—钢筋混凝土底板；
5—C20细石混凝土垫层厚200mm；6—底板高分子（自粘）预铺式防水卷材（P类）；
7—侧墙高分子（自粘）预铺式防水卷材（P类）；8—拐角处防水加强层厚1.5mm；
9—水平施工缝防水加强层（双面自粘，厚1.5mm）；10—水平施工缝；
11—施工缝钢板橡胶（丁基橡胶）腻子止水带；12—预埋注浆管；
13—环向施工缝；14—涂刷水泥基渗透结晶型防水材料

图 5-10

参考图示

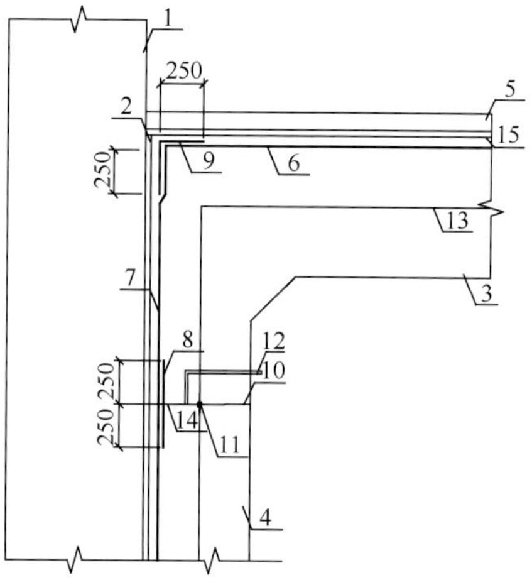
1
250
5
2
15
250
9
6
13
7
3
8
12
10
250
250
14
11
250
4

1—连续墙；2—基面找平层；3—防水钢筋混凝土顶板；4—防水钢筋混凝土侧墙；
5—C20细石混凝土保护层厚80mm；6—顶板高分子湿铺防水卷材（P类）；
7—侧墙高分子（自粘）预铺式防水卷材（P类）；8—水平施工缝加强层（与主防水层厚度同）；
9—水平施工缝防水加强层（双面自粘，厚1.5mm）；10—水平施工缝；
11—施工缝钢板橡胶（丁基橡胶）腻子止水带；12—预埋注浆管；13—环向施工缝；
14—涂刷水泥基渗透结晶型防水材料；15—顶板隔离层（防穿刺PE膜）

图 5-11

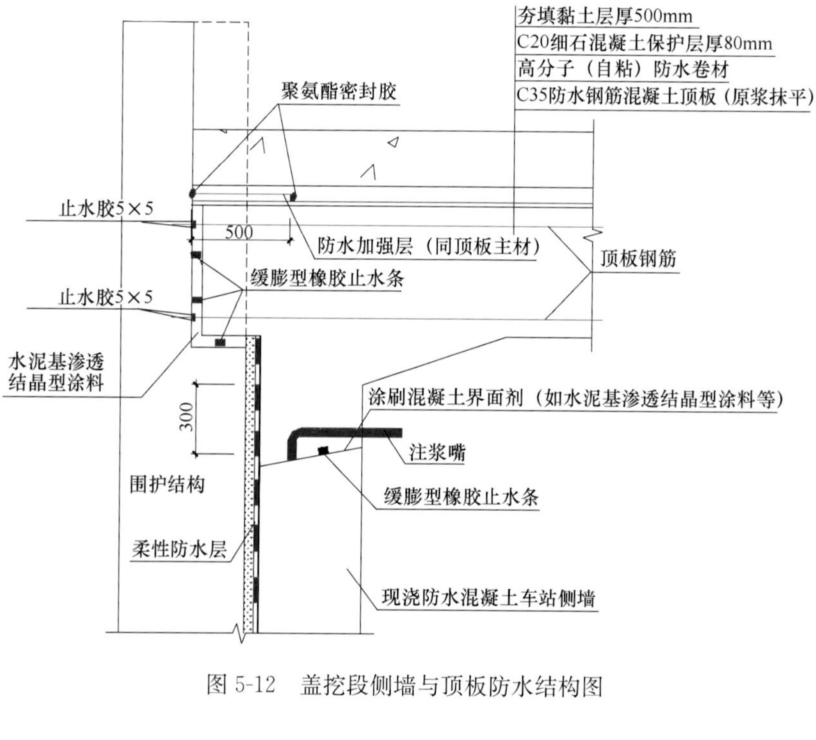
夯填黏土层厚500mm
C20细石混凝土保护层厚80mm
高分子（自粘）防水卷材
C35防水钢筋混凝土顶板（原浆抹平）
聚氨酯密封胶
止水胶5×5
500
防水加强层（同顶板主材）
顶板钢筋
缓膨型橡胶止水条
止水胶5×5
水泥基渗透
结晶型涂料
涂刷混凝土界面剂（如水泥基渗透结晶型涂料等）
300
注浆嘴
围护结构
缓膨型橡胶止水条
柔性防水层
现浇防水混凝土车站侧墙

图 5-12　盖挖段侧墙与顶板防水结构图

参考图示

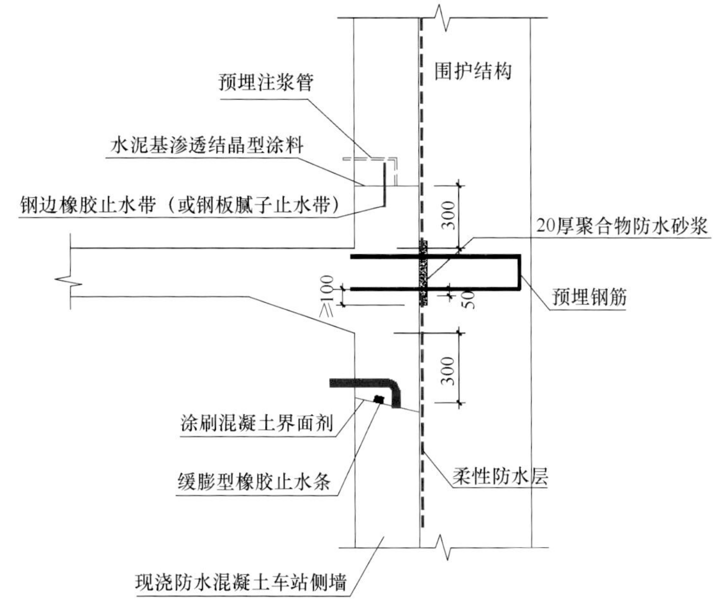
围护结构
预埋注浆管
水泥基渗透结晶型涂料
钢边橡胶止水带（或钢板腻子止水带）
300
20厚聚合物防水砂浆
≥100
50
预埋钢筋
300
涂刷混凝土界面剂
缓膨型橡胶止水条
柔性防水层
现浇防水混凝土车站侧墙

图 5-13　盖挖段侧墙与中板板防水结构图

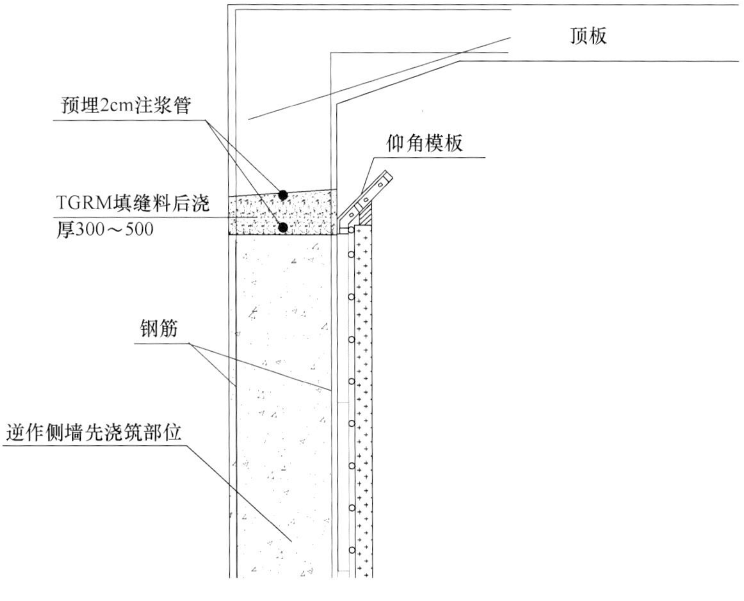
顶板
预埋2cm注浆管
仰角模板
TGRM填缝料后浇
厚300～500
钢筋
逆作侧墙先浇筑部位

图 5-14　盖挖段侧墙与顶板填充 TRGM 细石混凝土示意图

5.5 盖挖车站底板渗漏水

质量常见问题	1. 基底不满足防水卷材铺设要求； 2. 底板混凝土出现裂缝； 3. 降水井、抗拔桩等接头部位渗漏水； 4. 施工缝渗漏水； 5. 防水层质量不合格
规范、标准相关规定	《地铁设计规范》GB 50157—2013 混凝土结构开裂渗漏同 5.1 节。 **12.2.1** 地下工程防水混凝土的设计抗渗等级应符合表 12.2.1 的规定。 **12.2.6** 防水混凝土结构，应符合下列规定： 1 结构厚度不应小于 250mm； 2 裂缝宽度应符合表 11.6.1 的规定，并不得出现贯通裂缝。 **12.3.1** 防水层应设在结构迎水面或复合衬砌之间
原因分析	1. 混凝土结构开裂渗漏、施工缝渗漏同 5.1 节； 2. 地下水丰富，降水效果不佳导致基坑唧泥、积水； 3. 底板混凝土原材料不稳定，混凝土水化热造成内外温差过大，结构应力未充分释放等原因产生裂缝； 4. 降水井、抗拔桩等接头部位处理不到位； 5. 施工缝、变形缝等部位施作不到位导致渗漏水； 6. 防水层质量不合格
防治措施及通用做法	1. 混凝土结构开裂渗漏、施工缝渗漏和成品保护同 5.1 节。 2. 基底水位降至基底以下 1m，基底开挖至设计标高人工找平，保证基底平整、无积水、无浮渣，基地承载力满足设计要求，基底验收合格后立即浇筑垫层。 3. 拌合站专仓、专线确保混凝土质量达到规范、设计要求，优化配合比，减少水化热，采取跳仓浇筑、设置后浇带等措施保证结构应力充分释放。 4. 抗拔桩位置应先对桩头清泥，凿除桩顶浮碴，凿平至底板垫层面。在底板 PVC 防水板上沿桩头周围设置 PVC 外贴式止水带实行分区防水，防止基坑底的水沿桩身浸入底板。施工时应注意与底板防水层的搭接。 5. 割除伸出基底上的降水井花纹钢管，然后焊接防水钢套管，钢套管采用与降水井直径一样大的无缝钢管，并提前焊接好止水翼板，止水翼

防治措施及通用做法	板采用 100mm 宽、8mm 厚的钢板制作加工而成，钢套管与降水井连接部位满焊，焊缝部位涂刷单组分聚氨酯密封胶，提高止水翼板的止水效果。在钢套管底部与底板垫层处用砂浆抹成 100mm×50mm 倒角状，然后在转角部位铺贴 50cm 宽防水加强层，之后在加强层外铺贴防水卷材，防水卷材紧贴钢套管并上卷至止水翼板下边缘位置，卷材端口用单组分聚氨酯密封胶封口。降水井封堵在主体结构施工完成后再进行封堵，封堵采用浇筑比底板低一等级的混凝土浇筑，主体施工阶段保持降水井的持续运行。 6. 施工缝表面应按规范要求进行凿毛并清理干净，并应涂刷混凝土界面处理剂或水泥基渗透结晶型防水涂料。止水带固定应牢固、可靠、顺直，不得出现扭曲、变形现象，混凝土浇筑时避免止水带松动，采用止水带中置的固定措施，确保止水带埋设深度及顺直，止水带接头部位连接牢固，满足设计要求。 7. 防水卷材铺设基面要求平顺、坚固，无钢筋突出，后铺时要求无明水（允许潮湿）。卷材部位先弹线后铺设，要求铺设平顺、舒展、无褶皱、无隆起，后铺时要求反应满粘、无空鼓、密贴、粘贴牢固。卷材搭接保证连续、可靠、粘贴牢固、不渗水，搭接宽度满足设计和规范要求。防水层破损部位应采用双面粘同材质材料进行修补，补丁满粘在破损部位，补丁四周距破损边缘的最小距离不小于 100mm
参考图示	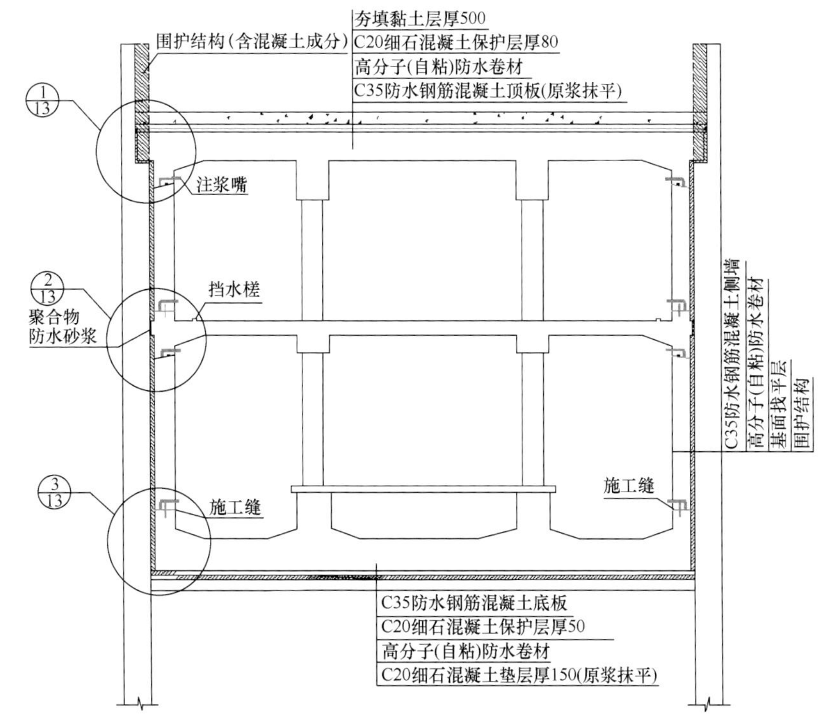夯填黏土层厚500 C20细石混凝土保护层厚80 高分子(自粘)防水卷材 C35防水钢筋混凝土顶板(原浆抹平) 围护结构(含混凝土成分) 1/13 注浆嘴 2/13 挡水槎 聚合物防水砂浆 C35防水钢筋混凝土侧墙 高分子(自粘)防水卷材 基面找平层 围护结构 3/13 施工缝 施工缝 C35防水钢筋混凝土底板 C20细石混凝土保护层厚50 高分子(自粘)防水卷材 C20细石混凝土垫层厚150(原浆抹平) 图 5-15　盖挖逆筑法车站防水构造图

<table>
<tr><td>参考图示</td><td>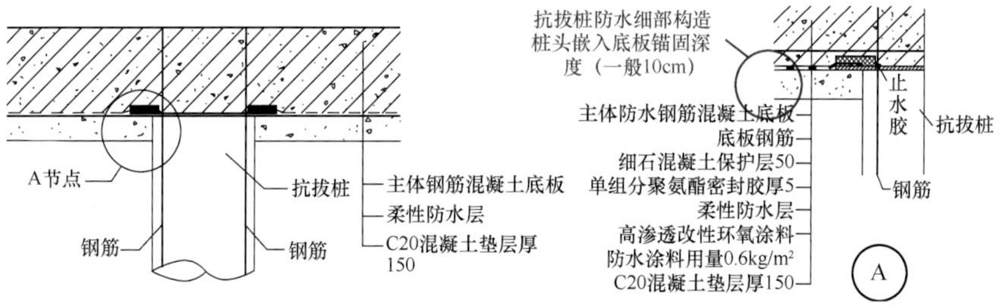
A节点
抗拔桩
主体钢筋混凝土底板
柔性防水层
C20混凝土垫层厚 150
钢筋
钢筋
抗拔桩防水细部构造 桩头嵌入底板锚固深 度（一般10cm）
主体防水钢筋混凝土底板
底板钢筋
细石混凝土保护层50
单组分聚氨酯密封胶厚5
柔性防水层
高渗透改性环氧涂料
防水涂料用量0.6kg/m²
C20混凝土垫层150
止水胶
抗拔桩
钢筋
A
图 5-16</td></tr>
</table>

5.6 出入口、风道、风亭渗漏水

质量常见问题	1. 地上与地下接口部位渗漏； 2. 施工缝、变形缝、穿墙管渗漏； 3. 出入口、风亭、地下风道结构渗漏； 4. 防水层渗漏
规范、标准相关规定	《地下工程防水技术规范》GB 50108—2008 混凝土结构开裂渗漏同 5.1 节。 **5.1.2** 用于伸缩的变形缝宜少设，可根据不同的工程结构类别、工程地质情况采用后浇带、加强带、诱导缝等替代措施。 **5.1.3 变形缝处混凝土结构的厚度不应小于 300mm。** **5.1.5** 变形缝的宽度宜为 20mm～30mm。 《地铁设计规范》GB 50157—2013 **12.5.1** 明挖法施工的地下结构防水，应采用钢筋混凝土结构自防水，并应根据结构形式局部或全部增设防水层或采取其他防水措施。 **12.7.1** 施工缝防水应符合下列规定： 3 水平施工缝浇灌混凝土前，应先将其表面浮浆和杂物清除，先铺净浆或涂刷界面处理剂、水泥基渗透结晶型防水涂料，再铺 30mm～50mm 厚的 1∶1 水泥砂浆，并应及时浇筑混凝土；垂直施工缝浇筑混凝土前，应将其表面凿毛并清理干净，并应涂刷混凝土界面处理剂或水泥基渗透结晶型防水涂料，同时应及时浇注混凝土。 **12.7.2** 变形缝防水应符合下列规定： 3 变形缝部位设置的止水带应为中孔型或 Ω 型，宽度不宜小于 300mm

原因分析	1. 混凝土结构开裂渗漏、施工缝渗漏同5.1节； 2. 地上与地下接口部位施工工艺不到位导致渗漏水； 3. 施工缝、变形缝、穿墙管施工工艺不到位导致渗漏水； 4. 防水卷材搭接宽度不够、破损； 5. 出入口、风亭、地下风道结构混凝土开裂、不密实
防治措施及通用做法	1. 混凝土结构开裂渗漏、施工缝渗漏和成品保护同5.1节。 2. 拌合站专仓、专线确保混凝土质量达到规范、设计要求，优化配合比减少水化热，跳仓浇筑、设置后浇带等措施保证结构应力充分释放；做好后浇带部位，新老混凝土接面凿毛处理，涂刷水泥基渗透结晶防水材料，保证后浇带部位防水质量。 3. 选择质量保证的防水材料，防水材料在运输、堆放、拼装前应采取防雨、防潮措施；防水卷材铺设基面要求平顺、坚固、无钢筋突出，后铺时要求无明水（允许潮湿）。卷材部位先弹线后铺设，要求铺设平顺、舒展、无褶皱、无隆起，后铺时要求反应满粘、无空鼓、密贴、粘贴牢固。卷材搭接保证连续、可靠、粘贴牢固、不渗水，搭接宽度满足设计和规范要求。防水层破损部位应采用双面粘同材质材料进行修补，补丁满粘在破损部位，补丁四周距破损边缘的最小距离不小于100mm。穿墙管采用止水法兰，增加遇水膨胀止水胶条，保证穿墙管止水效果。 4. 施工缝表面应按规范要求进行凿毛并清理干净，并应涂刷混凝土界面处理剂或水泥基渗透结晶型防水涂料。止水带固定应牢固、可靠、顺直，不得出现扭曲、变形现象，混凝土浇筑时避免止水带松动，采用止水带中置固定措施，确保止水带埋设深度及顺直，止水带接头部位连接牢固，满足设计要求。 5. 变形缝的施工应严格按程序和规定施工： （1）变形缝在一个断面内应平顺连续，缝宽准确。 （2）缝的填料应按设计要求施工，不允许在变形缝填刚性材料，防止刚性注浆材料渗透到槽缝内，不得将变形缝做成刚性缝。 （3）变形缝内的钢边橡胶止水带埋设位置准确：其中间空心圆环与变形缝中心线重合；止水带应有优良的强度弹性，不得使用再生橡胶或废塑料制造止水带。 （4）缝间采用单组分聚氨酯密封胶，接缝连接牢固、可靠，迎水面采用低模量的单组分聚氨酯密封胶，背水面采用高模量单组分聚氨酯密封胶。 （5）要求变形缝槽体内干净、干燥、牢固，无钢筋侵入槽体内。 （6）中埋式不锈钢边橡胶止水带两侧钢板应设置预留孔，预留孔间距250mm，两侧错开布置，以便用钢丝穿孔和钢筋固定牢固。 （7）加强层防水卷材与外包防水层满粘，且粘贴牢固、不空鼓、不串水。

<table>
<tr><td>防治措施及通用做法</td><td>（8）不锈钢接水槽槽宽 80mm、槽深不小于 30mm，钢板厚度 1mm。其水平槽段应设置 2‰人字坡，接水槽与基面间采用单组分聚氨酯密封胶密封，采用 M8 不锈钢膨胀螺栓固定，螺栓间距不大于 250mm</td></tr>
<tr><td>参考图示</td><td>
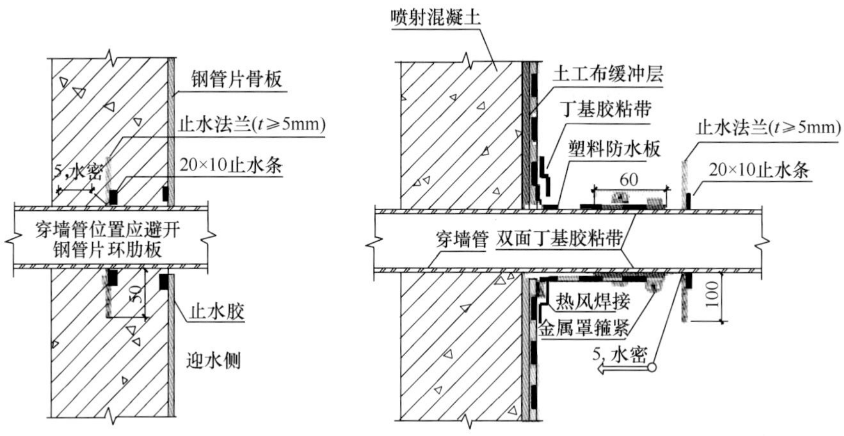
钢管片骨板
止水法兰(t≥5mm)
5,水密
20×10止水条
穿墙管位置应避开
钢管片环肋板
50
止水胶
迎水侧
喷射混凝土
土工布缓冲层
丁基胶粘带
塑料防水板
止水法兰(t≥5mm)
60
20×10止水条
穿墙管
双面丁基胶粘带
100
热风焊接
金属罩箍紧
5,水密

图 5-17

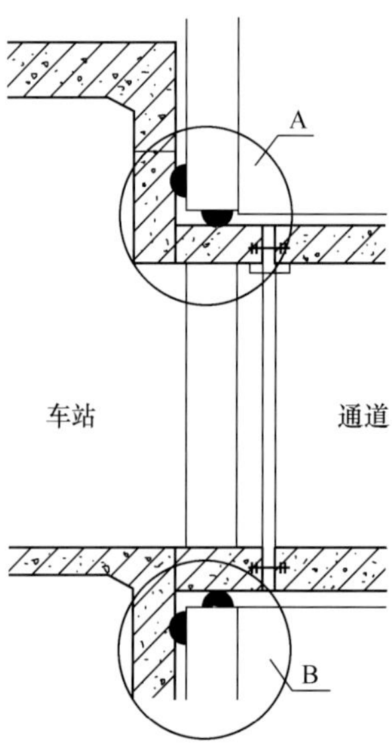
A
车站
通道
B

图 5-18
</td></tr>
</table>

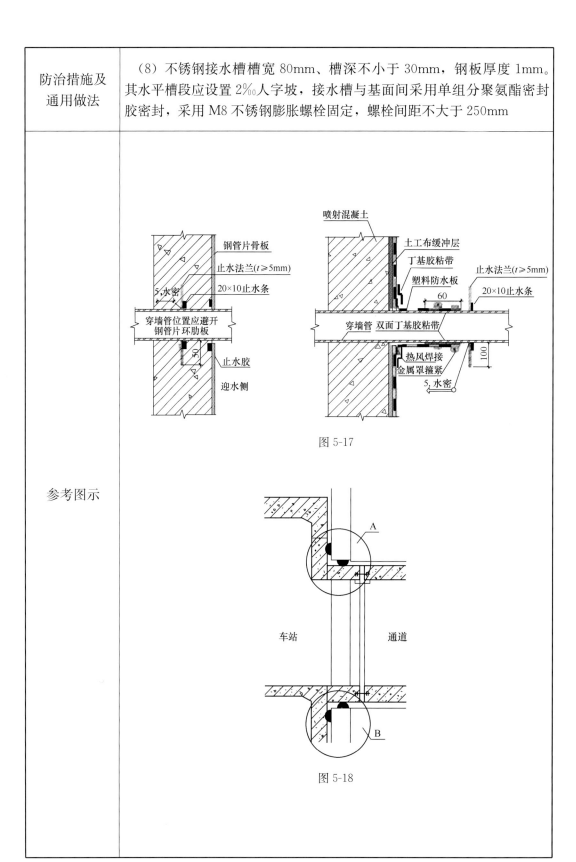

<table>
<tr><td>参考图示</td><td>
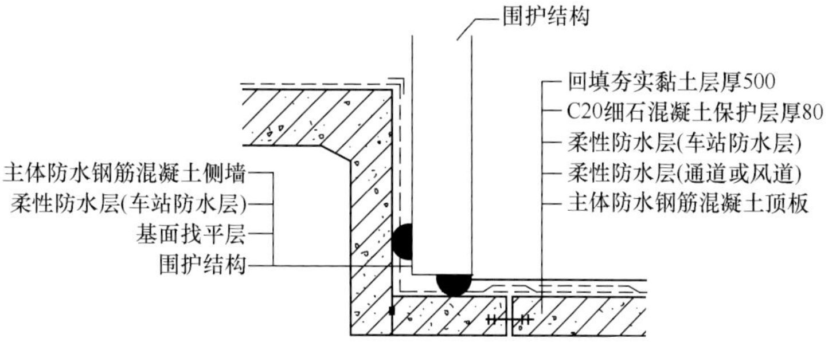
围护结构
回填夯实黏土层厚500
C20细石混凝土保护层厚80
柔性防水层(车站防水层)
柔性防水层(通道或风道)
主体防水钢筋混凝土顶板
主体防水钢筋混凝土侧墙
柔性防水层(车站防水层)
基面找平层
围护结构

图 5-19

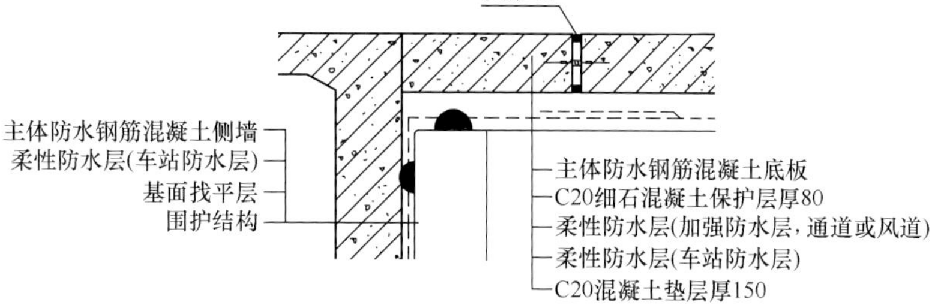
变形缝
主体防水钢筋混凝土侧墙
柔性防水层(车站防水层)
基面找平层
围护结构
主体防水钢筋混凝土底板
C20细石混凝土保护层厚80
柔性防水层(加强防水层，通道或风道)
柔性防水层(车站防水层)
C20混凝土垫层厚150

图 5-20
</td></tr>
</table>

5.7 盾构隧道渗漏水

<table>
<tr><td>质量常见问题</td><td>1. 管片接缝渗漏水；
2. 隧道与盾构井、联络通道等结构接缝处渗漏水；
3. 管片钢筋混凝土结构开裂渗漏</td></tr>
<tr><td>规范、标准相关规定</td><td>《地铁设计规范》GB 50157—2013

12.8.10 管片外防水涂层应符合下列规定：
2 涂层应能在盾构密封用钢丝刷与钢板挤压条件下不损伤、不渗水；
3 在管片外弧面混凝土裂缝宽度达到 0.2mm 时，涂层应能在最大埋深处水压或 0.8MPa 水压下不渗漏。

《盾构法隧道施工与验收规范》GB 50446—2017

9.3.5 施工中管片拼装允许偏差和检验方法应符合下列规定：
1 衬砌环椭圆度小于等于±0.5‰，采用断面仪或全站仪测量，每 10 环检验一个断面；</td></tr>
</table>

规范、标准相关规定	2　衬砌环内错台量值不超过 5mm，衬砌环间错台量值不超过 6mm，均逐环尺量。 **9.3.6**　粘贴管片防水密封条前应将管片密封槽清理干净，粘贴后的防水密封条应牢固、平整和严密，位置应正确，不得有起鼓、超长和缺口现象。 **9.3.7**　螺栓孔橡胶密封圈安装应符合设计要求，不应遗漏，且不宜外露。 **11.1.1**　盾构隧道防水以管片自防水为主，接缝防水材料防水为辅，并对特殊部位进行防水处理，形成完整的防水体系。 **11.2.1**　防水材料应按设计要求选择，施工前应分批进行抽检。 **11.2.2**　防水密封条粘贴应符合下列规定： 1　应按管片型号选用； 2　变形缝、柔性接头等接缝防水的处理应符合设计要求； 3　密封条在密封槽内应套箍和粘贴牢固，不得有起鼓、超长或缺口现象，且不得歪斜、扭曲。 《地下工程防水技术规范》GB 50108—2008 **8.1.1**　盾构法施工的隧道，宜采用钢筋混凝土管片、复合管片等装配式衬砌或现浇混凝土衬砌。衬砌管片应采用防水混凝土制作。当隧道处于侵蚀性介质的地层时，应采取相应的耐侵蚀混凝土或外涂耐侵蚀的外防水涂层的措施。当处于严重腐蚀地层时，可同时采取耐侵蚀混凝土和外涂耐侵蚀的外防水涂层措施
原因分析	1. 盾构隧道渗漏水主要是管片接缝处止水条离槽脱落、错台导致的相邻管片止水条错位、挤压不密、遇水膨胀胶条失效或防水材料质量不合格所致； 2. 隧道与盾构井、联络通道等结构施工缝施作不到位导致渗漏水； 3. 管片质量问题导致裂缝
防治措施及通用做法	1. 管片接缝设多孔型三元乙丙弹性橡胶或与膨胀橡胶复合而成的密封垫。 2. 管片内侧可进行嵌缝密封，填料采用无定型的单组分聚氨酯密封膏或聚合物水泥砂浆。 3. 利用吊装孔再对管片外进行回填注浆，对管片间环向空隙进行注浆，进一步提高防水效果。 4. 手孔可采用氯丁乳胶水泥砂浆或高聚物防水砂浆封填。 5. 螺栓孔、注浆孔均设置遇水膨胀橡胶防水垫圈。

防治措施及通用做法	6. 端头与车站接合部采用膨胀橡胶压条、单组分聚氨酯密封膏、高分子聚合物防水砂浆等措施防水。 7. 加强盾构管片止水条安装前后的成品保护。 8. 螺栓复紧、注浆压力控制、盾构姿态控制、盾构机推力控制等措施，保证止水胶条压紧压密。 9. 拼装管片的错台控制满足规范要求。 10. 选择质量保证的防水材料，防水材料在运输、堆放、施工前应采取防雨、防潮措施，在管片拼装前避免遇水膨胀胶条失效。 11. 对隧道与盾构井、联络通道等附属构筑物施工缝处渗水，按设计规范做好施工缝处凿毛、清洗、混凝土浇筑养护、后续注浆等工艺。 12. 做好管片生产过程中混凝土原材料及工艺质量控制、养护、成品保护等措施。管片接缝粘贴防水密封垫，设置双道弹性密封垫，弹性密封垫采用三元乙丙橡胶与遇水膨胀橡胶的复合材料，管片外表面采用防水涂料加强防水并提高耐久性。
参考图示	 图 5-21

参考图示	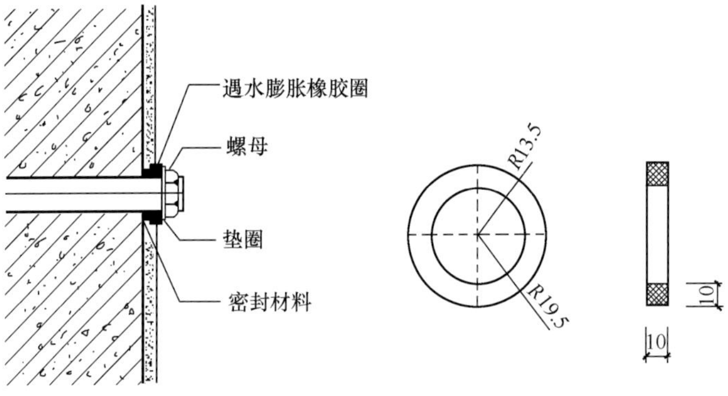 遇水膨胀橡胶圈 螺母 垫圈 密封材料 R13.5 R19.5 10 10 图 5-22 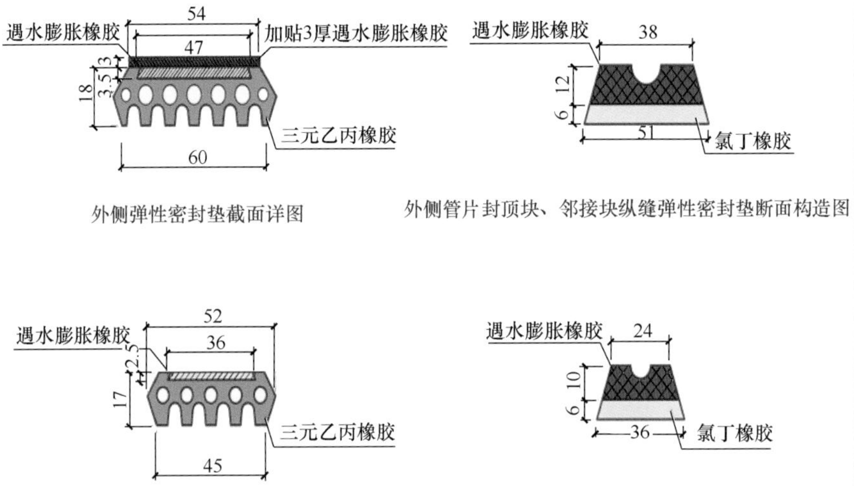 遇水膨胀橡胶 54 47 加贴3厚遇水膨胀橡胶 3 3.5 18 三元乙丙橡胶 60 遇水膨胀橡胶 38 12 6 51 氯丁橡胶 遇水膨胀橡胶 52 36 2.5 17 三元乙丙橡胶 45 遇水膨胀橡胶 24 10 6 36 氯丁橡胶 外侧弹性密封垫截面详图 外侧管片封顶块、邻接块纵缝弹性密封垫断面构造图 内侧弹性密封垫截面详图 内侧管片封顶块、邻接块纵缝弹性密封垫断面构造图 图 5-23

5.8 暗挖隧道初支结构渗漏水

质量常见问题	1. 暗挖法隧道初期支护结构渗漏水； 2. 锚杆头渗漏水
规范、标准及相关规定	《地下工程防水技术规范》GB 50108—2008 **8.5.1** 喷射混凝土施工前，应根据围岩裂隙及渗漏水的情况，预先采用引排或注浆堵水。

规范、标准及相关规定	《地铁设计规范》GB 50157—2013 **12.6.1** 矿山法施工的隧道防水措施应符合表12.6.1的规定。 **12.6.2** 矿山法施工的隧道防水应采取排堵结合的防水原则。 **12.6.3** 当复合式衬砌夹层防水层选用塑料防水板时，其厚度不宜小于1.5mm，并应在防水板表面设置注浆系统，变形缝部位宜设置分区系统。 **12.6.4** 防水板与喷射混凝土基层之间应设置缓冲层；平面铺设的防水板上表面应设置刚性或柔性永久保护层（防水材料和基层间设置缓冲层原则）。 **12.6.5** 防水板注浆系统的设置应符合规定
原因分析	1. 喷射混凝土前，未根据围岩裂隙及渗漏水情况，预先采取引排或注浆堵水措施； 2. 结构设计或施工缺陷；喷射混凝土厚度或密实度未达到设计要求； 3. 锚杆头渗漏水；锚杆注浆不饱满或未采取锚头止水措施
防治措施及通用做法	1. 初期支护作为暗挖法防水第一道防水防线，要求达到无渗漏水，允许有湿渍。当有渗漏水时采用堵漏、注浆、引排等措施，达到不滴水。喷射混凝土清洗干净后，采用堵漏材料和注浆工艺治理到无明水，最后采用水泥砂浆或聚合物防水砂浆抹平顺。喷射混凝土（矿山法隧道）：喷射混凝土采用C20； 2. 做好地层加固或结构后空隙注浆，作业前做好注浆材料试验，确定合理配比、压力、注浆量，控制结构产生过大差异沉降； 3. 对隧道与工作井、联络通道等附属构筑物接缝处渗水，按设计施工接缝防水要求施工
参考图示	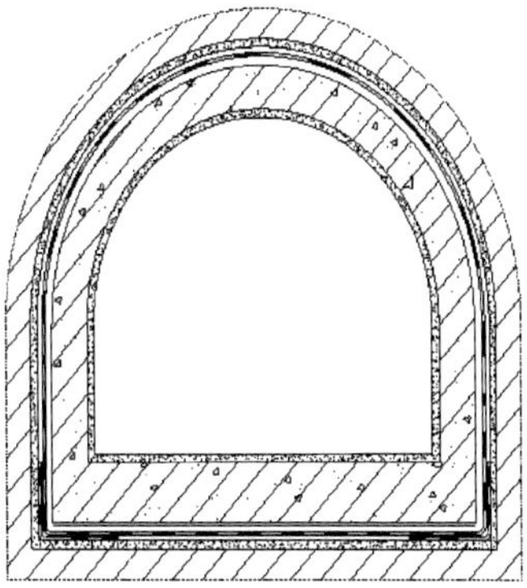  图5-24

5.9 暗挖隧道二衬结构渗漏水

<table>
<tr><td>质量常见问题</td><td>1. 隧道衬砌结构裂缝渗漏水；
2. 结构施工缝、变形缝渗漏水；
3. 防水卷材渗漏水</td></tr>
<tr><td>规范、标准相关规定</td><td>《地下工程防水技术规范》GB 50108—2008

4.1.1 防水混凝土可通过调整配合比，或掺加外加剂、掺合料等措施配制而成，其抗渗等级不得小于 P6。
4.1.7 防水混凝土结构，应符合下列规定：
1 结构厚度不应小于 250mm；
2 裂缝宽度不得大于 0.2mm，并不得贯通；
3 钢筋保护层厚度应根据结构的耐久性和工程环境选用，迎水面钢筋保护层厚度不应小于 50mm。

《地铁设计规范》GB 50157—2013

12.6.2 矿山法施工的隧道结构防水，地下水较多的软弱围岩地段，应采用全封闭式的复合式衬砌全包防水层。
12.6.3 当复合式衬砌夹层防水层选用塑料防水板时，其厚度不宜小于 1.5mm，并应在防水板表面设置注浆系统，变形缝部位宜设置分区系统。
12.6.4 防水板与喷射混凝土基层之间应设置缓冲层；平面铺设的防水板上表面应设置刚性或柔性永久保护层。
12.7.1 施工缝防水应符合下列规定：
1 复合墙结构的环向施工缝设置间距不宜大于 24m，叠合墙结构的环向施工缝设置间距不宜大于 12m。
2 墙体水平施工缝应留在高出底板表面不小于 300mm 的墙体上。拱（板）墙结合的水平施工缝宜留在拱（板）墙接缝线以下 150mm～300mm 处。施工缝距孔洞边缘不应小于 300mm。
3 水平施工缝浇灌混凝土前，应先将其表面浮浆和杂物清除，先铺净浆或涂刷界面处理剂、水泥基渗透结晶型防水涂料，再铺 30mm～50mm 厚的 1∶1 水泥砂浆，并应及时浇筑混凝土；垂直施工缝浇筑混凝土前，应将其表面凿毛并清理干净，并应涂刷混凝土界面处理剂或水泥基渗透结晶型防水涂料，同时应及时浇注混凝土。
12.7.2 变形缝防水应符合下列规定：
3 变形缝部位设置的止水带应为中孔型或 Ω 型，宽度不宜小于 300mm</td></tr>
</table>

原因分析	1. 初支基面渗水严重； 2. 防水卷材搭接不符合要求，破损； 3. 二衬混凝土开裂、不密实，造成开裂、渗漏水； 4. 施工缝、变形缝施工工艺不满足设计要求
防治措施及通用做法	1. 针对基面渗水位置进行初支背后注浆，封堵背后脱空及渗水通道。 2. 防水材料应符合规定和设计要求；选择质量合格的防水材料，防水材料在运输、堆放、施工前应采取防雨、防潮措施。防水板搭接用热焊器进行焊接，接缝为双焊缝，焊接温度、焊接速度根据试验确定。焊缝若有漏焊、假焊应予补焊，若有烤焦、焊穿处以及外露的固定点必须对防水材料破损部位进行修补。 3. 二衬混凝土应分层分仓浇筑，泵送混凝土入仓应自下而上，分层对称浇灌，混凝土封顶时应严格操作，尽量从内向端模方向灌注，排除空气，以保证拱顶灌注饱满和密实度，在二衬台车上合理设置附着式振动器，人工辅助振捣密实。 4. 施工缝表面应按规范要求进行凿毛并清理干净，并应涂刷混凝土界面处理剂或水泥基渗透结晶型防水涂料。止水带固定应牢固、可靠、顺直，不得出现扭曲、变形现象，混凝土浇筑时避免混凝土松动止水带，混凝土应浇筑至止水带中间靠上 1～2cm，浇筑后及时清理止水带上粘结的混凝土
参考图示	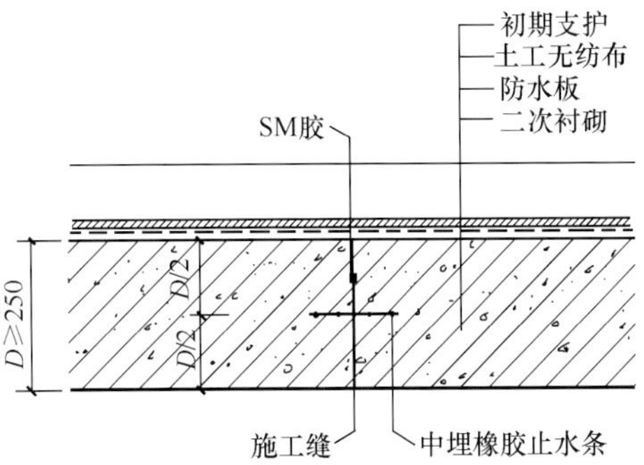初期支护 土工无纺布 防水板 二次衬砌 SM胶 D≥250 D/2 D/2 施工缝 中埋橡胶止水条 图 5-25 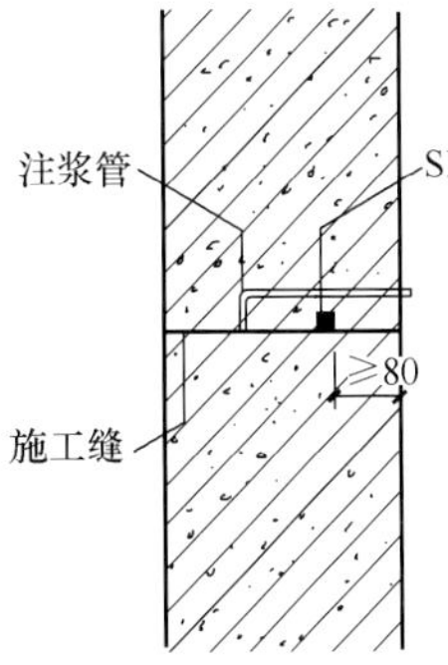注浆管 SM胶 ≥80 施工缝 图 5-26

参考图示	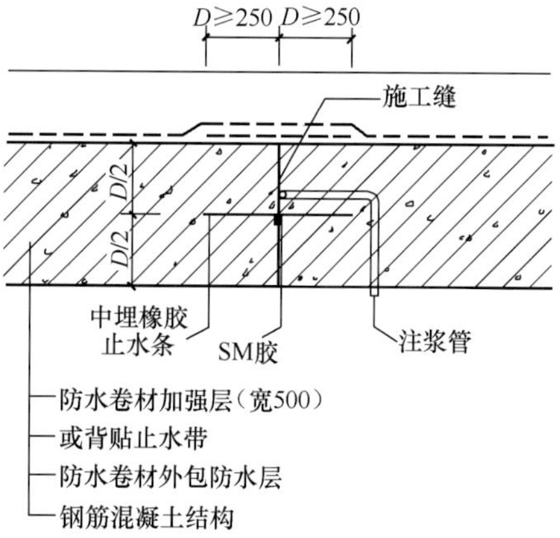 D≥250 D≥250 施工缝 D/2 D/2 中埋橡胶止水条 SM胶 注浆管 防水卷材加强层（宽500） 或背贴止水带 防水卷材外包防水层 钢筋混凝土结构 图 5-27 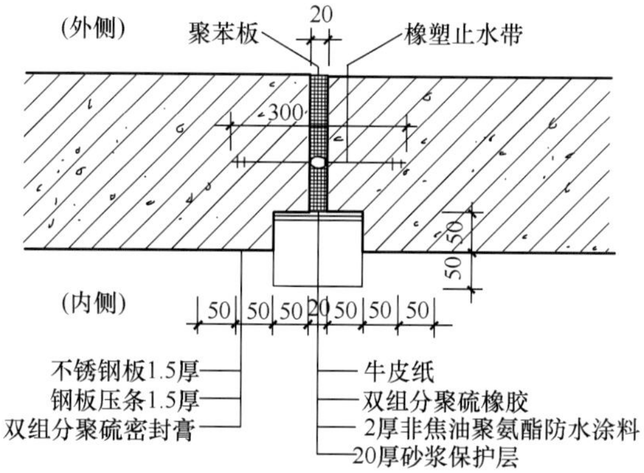 (外侧) 聚苯板 20 橡塑止水带 300 50 50 (内侧) 50 50 50 20 50 50 50 不锈钢板1.5厚 钢板压条1.5厚 双组分聚硫密封膏 牛皮纸 双组分聚硫橡胶 2厚非焦油聚氨酯防水涂料 20厚砂浆保护层 图 5-28 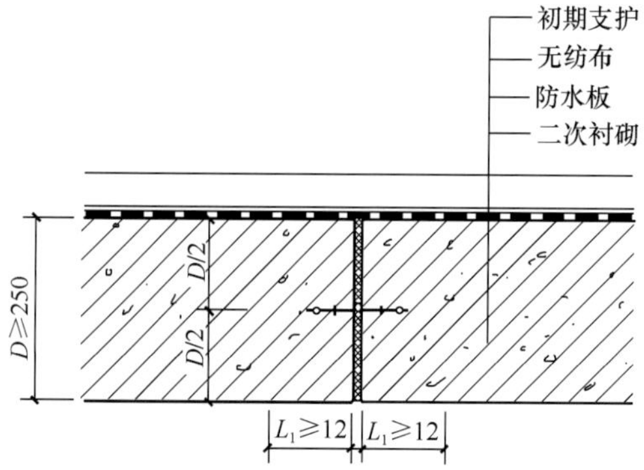 初期支护 无纺布 防水板 二次衬砌 D≥250 D/2 D/2 L1≥12 L1≥12 图 5-29

参考图示	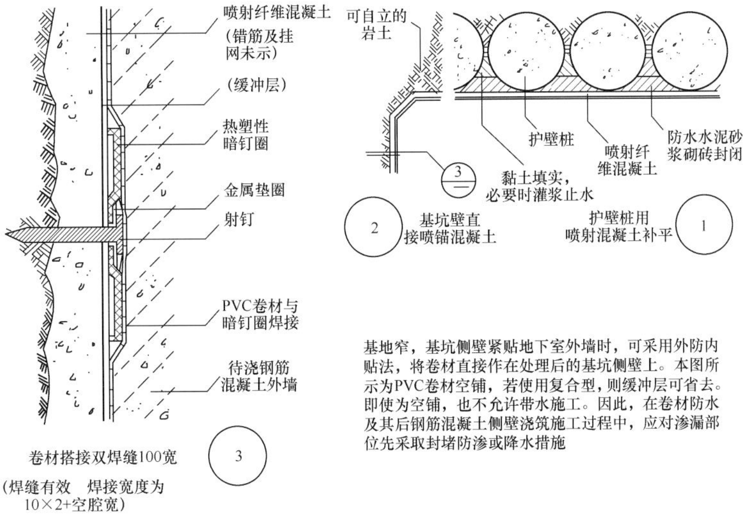喷射纤维混凝土 （错筋及挂网未示） （缓冲层） 热塑性暗钉圈 金属垫圈 射钉 PVC卷材与暗钉圈焊接 待浇钢筋混凝土外墙 卷材搭接双焊缝100宽 （焊缝有效 焊接宽度为10×2+空腔宽） 3 可自立的岩土 护壁桩 喷射纤维混凝土 防水水泥砂浆砌砖封闭 3 黏土填实，必要时灌浆止水 2 基坑壁直接喷锚混凝土 护壁桩用喷射混凝土补平 1 基地窄，基坑侧壁紧贴地下室外墙时，可采用外防内贴法，将卷材直接作在处理后的基坑侧壁上。本图所示为PVC卷材空铺，若使用复合型，则缓冲层可省去。即使为空铺，也不允许带水施工。因此，在卷材防水及其后钢筋混凝土侧壁浇筑施工过程中，应对渗漏部位先采取封堵防渗或降水措施 图 5-30

5.10 区间与车站接口部位渗漏水

质量常见问题	1. 区间与车站接口部位渗漏水； 2. 变形缝渗漏水； 3. 防水材料渗漏水
规范、标准相关规定	《地下工程防水技术规范》GB 50108—2008 **5.1.2** 用于伸缩的变形缝宜少设，可根据不同的工程结构类别、工程地质情况采用后浇带、加强带、诱导缝等替代措施。 **5.1.3 变形缝处混凝土结构的厚度不应小于 300mm。** **5.1.5** 变形缝的宽度宜为 20mm～30mm。 《地铁设计规范》GB 50157—2013 **12.7.2** 变形缝防水应符合下列规定： 1 变形缝处的混凝土厚度不应小于 300mm，当遇有变截面时，接缝两侧各 500mm 范围内的结构应进行等厚等强处理； 2 变形缝处采取的防水措施应能满足接缝两端结构产生的差异沉降及纵向伸缩时的密封防水要求； 3 变形缝部位设置的止水带应为中孔型或 Ω 型，宽度不宜小于300mm； 4 顶板与侧墙的预留排水凹槽应贯通。 **12.8.11** 竖井与隧道结合处，可采用刚性接头，但接缝宜采用柔性材料密封处理，并宜加固竖井洞圈周围土体。在软土地层距竖井结合处一定范围内的衬砌段，宜增设变形缝

原因分析	1. 变形缝施工工艺控制不到位，缝内止水效果达不到设计要求； 2. 防水材料破损； 3. 地质原因导致结构产生过大差异沉降； 4. 结构混凝土浇筑不密实
防治措施及通用做法	1. 做好洞门注浆加固，保证洞门环管片凿除时，不出现较大渗漏水情况；做好后浇带部位新老混凝土接面凿毛处理，涂刷水泥基渗透结晶型防水材料，保证后浇带部位防水质量。洞门接口处混凝土可采用和易性好、流动性强的细石混凝土进行浇筑。 2. 选择质量保证的防水材料，防水材料在运输、堆放、拼装前应采取防雨、防潮措施；防水卷材铺设基面要求平顺、坚固、无钢筋突出，后铺时要求无明水（允许潮湿）。卷材部位先弹线后铺设，要求铺设平顺、舒展、无褶皱、无隆起，后铺时要求反应满粘，无空鼓、密贴，粘贴牢固。卷材搭接保证连续可靠、粘贴牢固、不渗水，搭接宽度满足设计和规范要求。防水层破损部位应采用双面粘同材质材料进行修补，补丁满粘在破损部位，补丁四周距破损边缘的最小距离不小于 100mm。穿墙管采用止水法兰，增加遇水膨胀止水胶条，保证穿墙管止水效果。 3. 施工缝表面应按规范要求进行凿毛并清理干净，并应涂刷混凝土界面处理剂或水泥基渗透结晶型防水涂料。止水带固定应牢固、可靠、顺直，不得出现扭曲、变形现象，混凝土浇筑时避免止水带松动，采用止水带中置固定措施，确保止水带埋设深度及顺直，止水带接头部位连接牢固，满足设计要求
参考图示	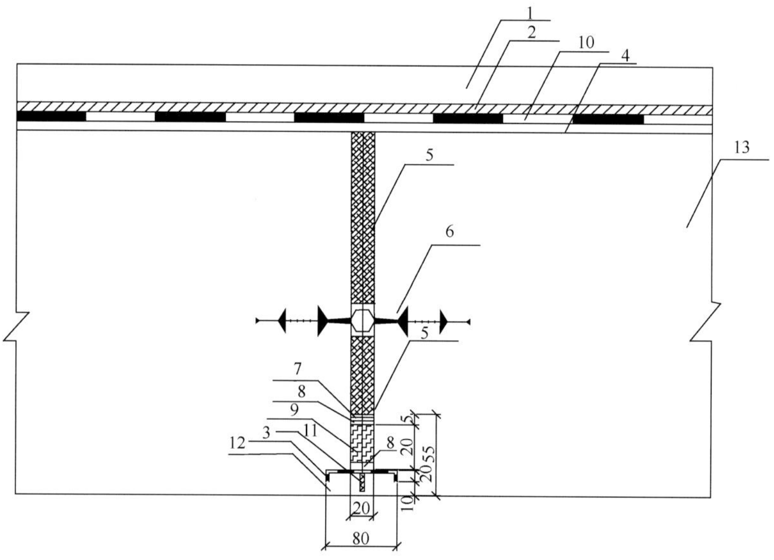1 2 10 4 13 5 6 5 7 8 9 3 11 12 8 5 20 55 20 10 20 80 图 5-31 1—临时支护；2—砂浆层与 PQ-200；3—双组分聚氨酯涂料厚 2mm 三油一布；4—保护层；5—聚苯板；6—塑料（PVC）止水带；7—防潮涂料；8—牛皮纸；9—双组分聚硫橡胶；10—柔性防水层；11—聚苯条；12—EVA 砂浆；13—防水钢筋混凝土

5.11 联络通道渗漏水

质量常见问题	1. 结构渗漏水； 2. 防水层渗漏； 3. 施工缝、变形缝渗漏
规范、标准相关规定	《地铁设计规范》GB 50157—2013 混凝土结构开裂渗漏同 5.1 节。 **11.1.6** 地下结构的耐久性设计应符合下列规定： **1 主体结构和使用期间不可更换的结构构件，应根据使用环境类别，按设计使用年限为 100 年的要求进行耐久性设计。** **12.2.1** 地下工程防水混凝土的设计抗渗等级应符合表 12.2.1 的规定。 **12.2.6** 防水混凝土结构，应符合下列规定： 1 结构厚度不应小于 250mm； 2 裂缝宽度应符合表 11.6.1 的规定，并不得出现贯通裂缝。 **12.3.1** 防水层应设置在结构迎水面或复合式衬砌之间
原因分析	1. 混凝土结构开裂渗漏、施工缝渗漏同 5.1 节； 2. 基面渗漏水较大； 3. 结构开裂，混凝土不密实； 4. 防水卷材搭接不满足设计要求、破损； 5. 施工缝、变形缝施工工艺不满足设计要求
防治措施及通用做法	1. 混凝土结构开裂渗漏、施工缝渗漏和成品保护同 5.1 节。 2. 针对基面渗水位置进行初支背后注浆，封堵背后脱空及渗水通道；保持初支基面平顺、坚实，无尖锐物突出。 3. 防水材料应符合规定和设计要求；选择质量合格的防水材料，防水材料在运输、堆放、施工前应采取防雨、防潮措施。防水板搭接用热焊器进行焊接，接缝为双焊缝，焊接温度、焊接速度根据试验确定。焊缝若有漏焊、假焊应予补焊，若有烤焦、焊穿处以及外露的固定点必须对防水材料破损部位进行修补。 4. 结构混凝土应分层分仓浇筑，泵送混凝土入仓应自下而上，分层对称浇灌，人工振捣密实，保证拱顶灌注饱满和密实度；优化混凝土配合比，延长混凝土初凝时间；优化施工工艺，配置足够的运输能力，缩短混凝土的浇筑时间；加强结构混凝土养护，防止在初期混凝土结构开裂。

防治措施及通用做法	5. 施工缝表面应按规范要求进行凿毛并清理干净，并应涂刷混凝土界面处理剂或水泥基渗透结晶型防水涂料。止水带固定应牢固、可靠、顺直，不得出现扭曲、变形现象，混凝土浇筑时避免混凝土松动止水带，混凝土应浇筑至止水带中间靠上 1～2cm，浇筑后及时清理止水带上粘结的混凝土

参考图示

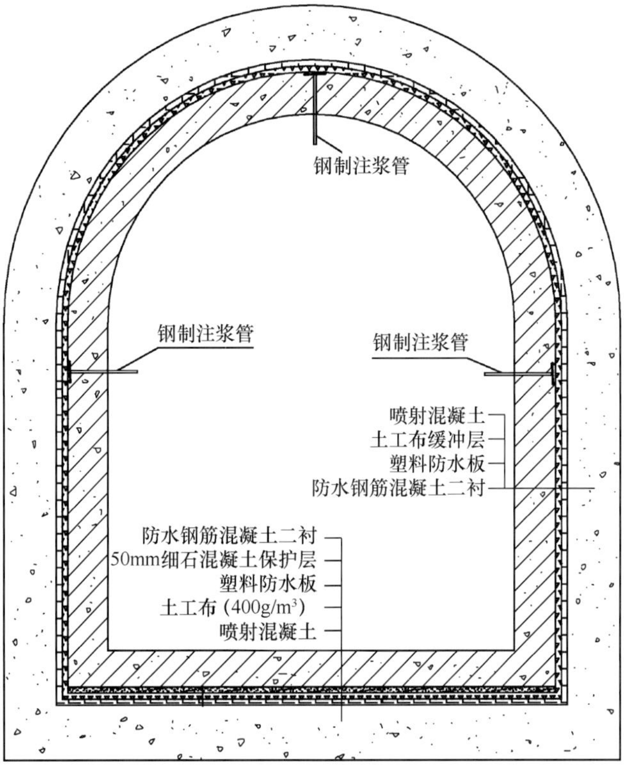

钢制注浆管
钢制注浆管
钢制注浆管
喷射混凝土
土工布缓冲层
塑料防水板
防水钢筋混凝土二衬
防水钢筋混凝土二衬
50mm细石混凝土保护层
塑料防水板
土工布（400g/m³）
喷射混凝土

图 5-32

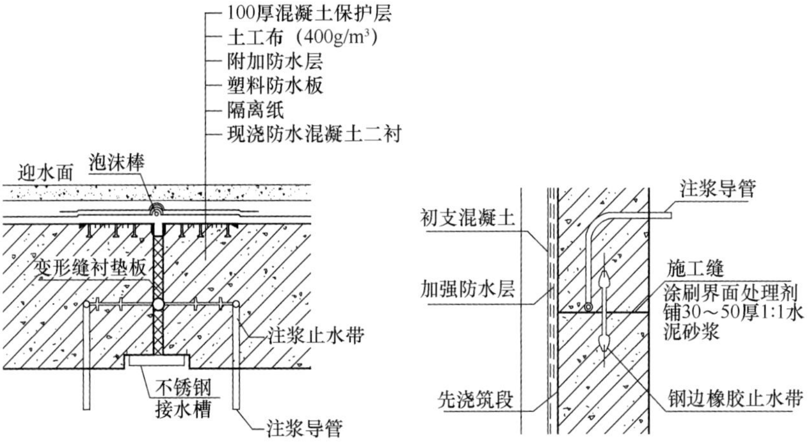

100厚混凝土保护层
土工布（400g/m³）
附加防水层
塑料防水板
隔离纸
现浇防水混凝土二衬
迎水面
泡沫棒
变形缝衬垫板
注浆止水带
不锈钢
接水槽
注浆导管
注浆导管
初支混凝土
加强防水层
施工缝
涂刷界面处理剂
铺30～50厚1:1水
泥砂浆
先浇筑段
钢边橡胶止水带

图 5-33

参考图示	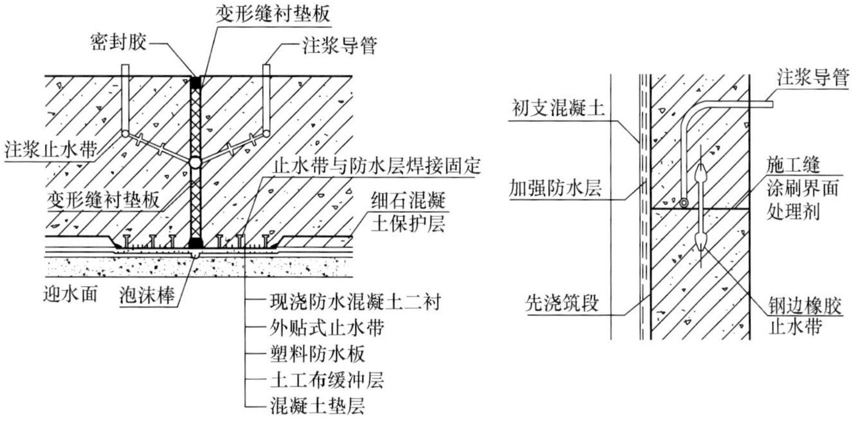变形缝衬垫板 密封胶 注浆导管 注浆止水带 止水带与防水层焊接固定 变形缝衬垫板 细石混凝土保护层 迎水面 泡沫棒 现浇防水混凝土二衬 外贴式止水带 塑料防水板 土工布缓冲层 混凝土垫层 注浆导管 初支混凝土 施工缝 加强防水层 涂刷界面处理剂 先浇筑段 钢边橡胶止水带 图 5-34

5.12 地下区间与高架过渡段渗漏水

质量常见问题	1. 地下区间部分结构渗漏； 2. 过渡段底板及侧墙渗漏； 3. 变形缝处渗漏； 4. 防水层渗漏
规范、标准相关规定	《地铁设计规范》GB 50157—2013 混凝土结构开裂渗漏同 5.1 节。 **11.1.6** 地下结构的耐久性设计应符合下列规定： **1 主体结构和使用期间不可更换的结构构件，应根据使用环境类别，按设计使用年限为 100 年的要求进行耐久性设计。** **12.2.1** 地下工程防水混凝土的设计抗渗等级应符合表 12.2.1 的规定。

表 12.2.1 防水混凝土的设计抗渗等级

结构埋置深度（m）	设计抗渗等级	
	现浇混凝土结构	装配式钢筋混凝土结构
$h<20$	P8	P10
$20\leqslant h<30$	P10	P10
$40>h\geqslant 30$	P12	P12

<table>
<tr><td>规范、标准相关规定</td><td>
12.2.6　防水混凝土结构，应符合下列规定：
1　结构厚度不应小于 250mm；
2　裂缝宽度应符合表 11.6.1 的规定，并不得出现贯通裂缝。
表 11.6.1　钢筋混凝土构件的最大计算裂缝宽度允许值
<table>
<tr><td colspan="2">结构类型</td><td>允许值（mm）</td></tr>
<tr><td colspan="2">盾构隧道管片</td><td>0.2</td></tr>
<tr><td rowspan="3">其他结构</td><td>水中环境、土中缺氧环境</td><td>0.3</td></tr>
<tr><td>洞内干燥环境或洞内潮湿环境</td><td>0.3</td></tr>
<tr><td>干湿交替环境</td><td>0.2</td></tr>
</table>
注：1. 当设计采用的最大裂缝宽度的计算式中保护层的实际厚度超过 30mm 时，可将保护层厚度的计算值取为 30mm；
2. 厚度不小于 300mm 的钢筋混凝土结构可不计干湿交替作用；
3. 洞内潮湿环境指环境相对湿度为 45%～80%。
12.3.1　防水层应设置在结构迎水面或复合式衬砌之间
</td></tr>
<tr><td>原因分析</td><td>
1. 混凝土结构开裂渗漏、施工缝渗漏同 5.1 节；
2. 过渡段结构基础存在差异沉降；
3. 混凝土产生裂缝、不密实；
4. 施工缝、变形缝工艺不到位；
5. 防水卷材搭接不满足设计要求、破损
</td></tr>
<tr><td>防治措施及通用做法</td><td>
1. 混凝土结构开裂渗漏、施工缝渗漏和成品保护同 5.1 节。
2. 基底开挖做到不超、不欠，清底后及时封闭；对过渡段基地承载力进行监测，确保满足设计要求，必要时可采取换填压实措施，确保不产生不均匀沉降。
3. 分段合理留设施工缝，考虑半明半暗区间过渡段温差影响大，减小一次性浇筑长度。
4. 优化混凝土配合比，优化施工工艺，减小水胶比，降低混凝土材料水化热，提高混凝土抗裂性能。
5. 加强混凝土养护，防止在初期混凝土结构开裂。
6. 重视防水层铺设质量，要检测铺设的搭接可靠性，注意成品保护。
7. 防水材料应符合规定和设计要求；选择质量合格的防水材料，防水材料在运输、堆放、施工前应采取防雨、防潮措施。防水板搭接宽度满足设计要求，防水层破损部位应采用双面粘同材质材料进行修补，补丁满粘在破损部位，补丁四周距破损边缘的最小距离不小于 100mm
</td></tr>
</table>

参考图示	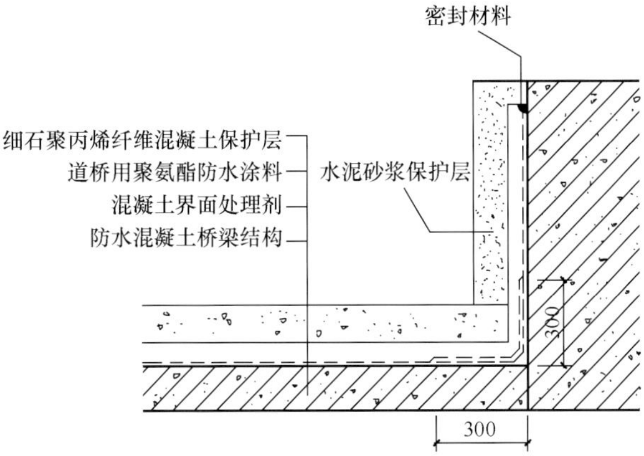密封材料 细石聚丙烯纤维混凝土保护层 道桥用聚氨酯防水涂料 混凝土界面处理剂 防水混凝土桥梁结构 水泥砂浆保护层 300 300 图 5-35

第六章　市　政　工　程

6.1　给水排水管道管壁开裂、渗漏

质量常见问题	管道壁开裂、渗漏
规范、标准相关规定	《给水排水管道工程施工及验收规范》GB 50268—2008 **3.1.7**　施工测量应实行施工单位复核制、监理单位复测制，填写相关记录，并符合下列规定： 1　施工前，建设单位应组织有关单位进行现场交桩，施工单位对所交桩进行复核测量；原测桩有遗失或变位时，应及时补钉桩校正，并应经相应的技术质量管理部门和人员认定； 2　临时水准点和管道轴线控制桩的设置应便于观测、不易被扰动且必须牢固，并应采取保护措施；开槽铺设管道的沿线临时水准点，每200m不宜少于1个； 3　临时水准点、管道轴线控制桩、高程桩，必须经过复核方可使用，并应经常校核； 4　不开槽施工管道，沉管、桥管等工程的临时水准点、管道轴线控制桩，应根据施工方案进行设置，并及时校核； 5　既有管道、构（建）筑物与拟建工程衔接的平面位置和高程，开工前必须校测。 **6.1.2**　施工前应进行现场调查研究，并对建设单位提供的工程沿线的有关工程地质、水文地质和周围环境情况，以及沿线地下与地上管线、周边建（构）筑物、障碍物及其他设施的详细资料进行核实确认；必要时应进行坑探。 **6.5.7**　防水层施工应符合下列规定： 1　应在初期支护基本稳定，且衬砌检查合格后进行； 2　防水层材料应符合设计要求，排水管道工程宜采用柔性防水层； 3　清理混凝土表面，剔除尖、突部位，并用水泥砂浆压实、找平，防水层铺设基面凹凸高差不应大于50mm，基面阴阳角应处理成圆角或钝角，圆弧半径不宜小于50mm； 4　初期衬砌表面塑料类衬垫应符合下列规定： (1) 衬垫材料应直顺，用垫圈固定，钉牢在基面上；固定衬垫的垫圈，应与防水卷材同材质，并焊接牢固；

规范、标准相关规定	（2）衬垫固定时宜交错布置，间距应符合设计要求；固定钉距防水卷材外边缘的距离不应小于 0.5m； （3）衬垫材料搭接宽度不宜小于 500mm
原因分析	1. 管道周边地质沉降，引起管道开裂、渗漏； 2. 施工质量达不到设计要求，运行过程中出现开裂、渗漏； 3. 受外界环境影响，如受较大荷载重压，地下水压力变化； 4. 管材本身质量不合格； 5. 设计存在缺陷，不能满足工程实际要求； 6. 管道使用期过长，过去的管道设计与施工质量标准不能满足现状实际要求； 7. 污水管道会因管壁腐蚀产生病害
防治措施及通用做法	1. 采用附有防渗漏层新型材质管道，将速格垫预制在管道内壁，预制管道的模板制作与安装，钢筋制作及混凝土浇筑均按相关规范操作。然后进行安装投入使用，管道接头采用焊接处理，焊接要求无漏焊、烧焦，表面光滑，焊接牢固； 2. 管道管壁开裂、渗漏等全面修复时，采用垫衬法进行处理。用速格垫根据需要修复的管道规格制作成内衬，管道清洗后，将内衬置入需要修复的管道内，两端进行固定密封处理，然后向内衬与管壁间空隙注浆，使其在旧管内形成一个新的内衬管状结构； 3. 采用垫衬法修复管道前，须对原管道进行安全评估，以确定安全的垫衬修复方案； 4. 工程从设计、施工安装、验收等各环节严格执行相关规范要求
参考图示	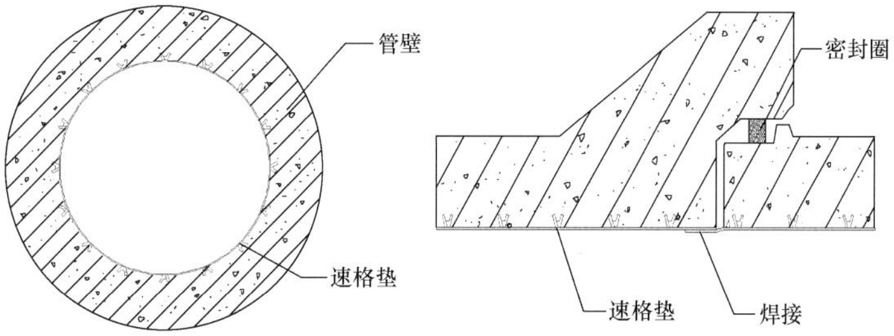管壁 速格垫 密封圈 速格垫 焊接 图 6-1　开挖法施工 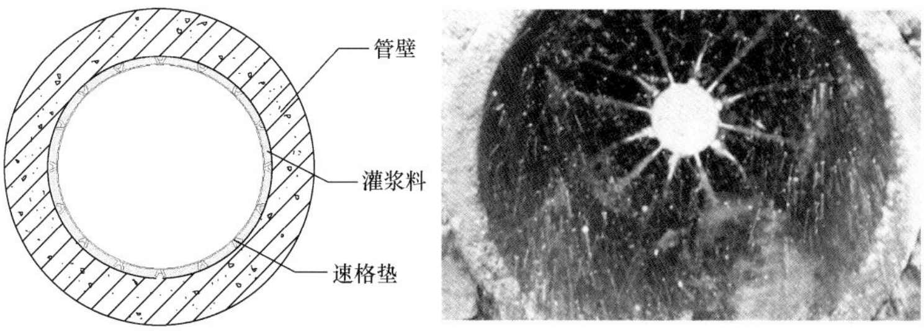管壁 灌浆料 速格垫 图 6-2　非挖法施工

参考图示	 图 6-3 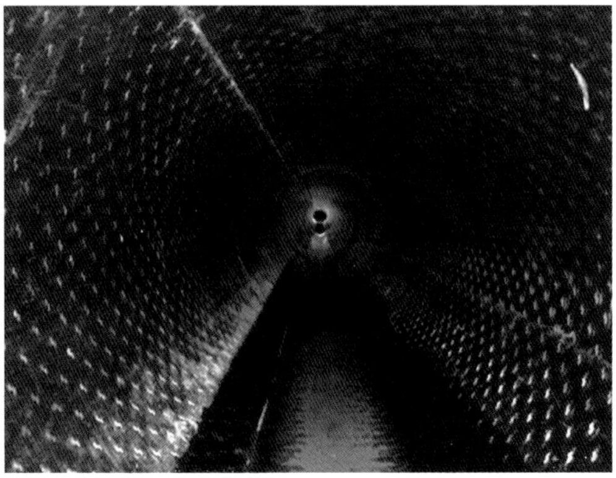 图 6-4 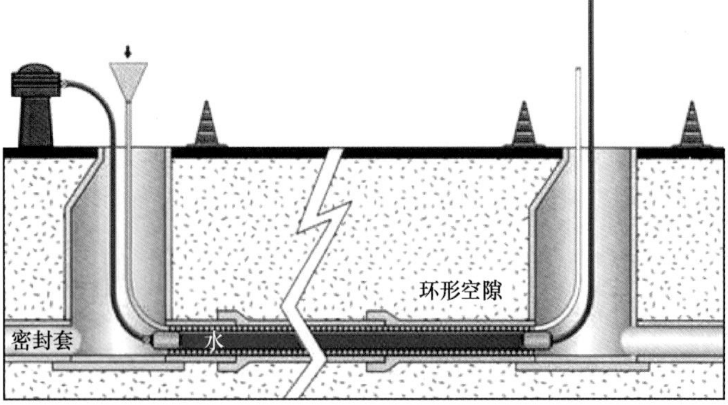 环形空隙 密封套 水 图 6-5　管道全面修复示意图（垫衬法施工）

6.2 给水排水管道接口渗漏

<table>
<tr><td>质量常见问题</td><td>管道接口处渗漏</td></tr>
<tr><td>规范、标准相关规定</td><td>
《给水排水管道工程施工及验收规范》GB 50268—2008
3.1.9 工程所用的管材、管道附件、构（配）件和主要原材料等产品进入施工现场时必须进行进场验收并妥善保管。进场验收时应检查每批产品的订购合同、质量合格证书、性能检验报告、使用说明书、进口产品的商检报告及证件等，并按国家有关标准规定进行复验，验收合格后方可使用。
5.3.2 管节的材料、规格、压力等级等应符合设计要求，管节宜工厂预制，现场加工应符合下列规定：
2 焊缝外观应符合表 5.3.2-1 的规定，焊缝无损检验合格。
表 5.3.2-1 焊缝的外观质量
<table>
<tr><th>项目</th><th>技术要求</th></tr>
<tr><td>外观</td><td>不得有熔化金属流到焊缝外未熔化的母材上，焊缝和热影响区表面不得有裂纹、气孔、弧坑和灰渣等缺陷；表面光顺、均匀、焊道和母材应平缓过渡</td></tr>
<tr><td>宽度</td><td>应焊出坡口边缘 2mm～3mm</td></tr>
<tr><td>表面余高</td><td>应小于或等于 1+0.2 倍坡口边缘宽度，且不大于 4mm</td></tr>
<tr><td>咬边</td><td>深度应小于或等于 0.5mm，焊缝两侧咬边总长不得超过焊缝长度的 10%，且连续长不应大于 100mm</td></tr>
<tr><td>错边</td><td>应小于或等于 0.2t，且不应大于 2mm</td></tr>
<tr><td>未焊满</td><td>不允许</td></tr>
</table>
注：t 为壁厚：mm。
5.6.6 柔性接口的钢筋混凝土管、预（自）应力混凝土管安装前，承口内工作面、插口外工作面应清洗干净；套在插口上的橡胶圈应平直、无扭曲，应正确就位；橡胶圈表面和承口工作面应涂刷无腐蚀性的润滑剂；安装后放松外力，管节回弹不得大于 10mm，且橡胶圈应在承、插口工作面上。
5.6.7 刚性接口的钢筋混凝土管道，钢丝网水泥砂浆抹带接口材料应符合下列规定：
1 选用粒径 0.5mm～1.5mm，含泥量不大于 3%的洁净砂；
2 选用网格 10mm×10mm、丝径为 20 号的钢丝网；
3 水泥砂浆配比满足设计要求。
</td></tr>
</table>

规范、标准相关规定

5.6.9 钢筋混凝土管沿直线安装时，管口件的纵向间隙应符合设计及产品标准要求，无明确要求时应符合表5.6.9-1的规定；预（自）应力混凝土管沿曲线安装时，管口间的纵向间隙最小处不得小于5mm，接口转角应符合表5.6.9-2的规定。

表5.6.9-1 钢筋混凝土管管口间的纵向间隙

管材种类	接口类型	管内径 D_i（mm）	纵向间隙（mm）
钢筋混凝土管	平口、企口	500～600	1.0～5.0
		≥700	7.0～15
	承插式乙型口	600～3000	5.0～15

表5.6.9-2 预应力混凝土管沿曲线安装接口的允许转角

管材种类	管内径 D_i（mm）	允许转角（°）
预应力混凝土管	500～700	1.5
	800～1400	1.0
	1600～3000	0.5
自应力混凝土管	500～800	1.5

5.7.2 承插式橡胶圈柔性接口施工时应符合下列规定：

1 清理管道承口内侧、插口外部凹槽等连接部位和橡胶圈；

2 将橡胶圈套入插口上的凹槽内，保证橡胶圈在凹槽内受力均匀、没有扭曲翻转现象；

3 用配套的润滑剂涂擦在承口内侧和橡胶圈上，检查涂覆是否完好；

4 在插口上按要求做好安装标记，以便检查插入是否到位；

5 接口安装时，将插口一次插入承口内，达到安装标记为止；

6 安装时接头和管端应保持清洁；

7 安装就位，放松紧管器具后进行下列检查：

1）复核管节的高程和中心线；

2）用特定钢尺插入承插口之间检查橡胶圈各部的环向位置，确认橡胶圈在同一深度；

3）接口处承口周围不应被胀裂；

4）橡胶圈应无脱槽、挤出等现象；

5）沿直线安装时，插口端面与承口底部的轴线间隙应大于5mm，且不大于表5.7.2规定的数值。

表5.7.2 管口间的最大轴向间隙

管内径 D_i（mm）	内衬式管（衬筒管）		埋置式管（埋筒管）	
	单胶圈（mm）	双胶圈（mm）	单胶圈（mm）	双胶圈（mm）
600～1400	15	—	—	—
1200～1400	—	25	—	—
1200～4000	—	—	25	25

规范、标准相关规定	《建筑排水高密度聚乙烯（HDPE）管道工程技术规程》CECS 282：2010 **5.1.3** 当管道需预制安装或操作空间允许时，宜采用对焊连接方式。 **5.1.4** 当管道需现场焊接、改装、加补安装、修补，或在狭窄空间安装管道时，宜采用电熔管箍连接方式
原因分析	1. 管材质量问题造成接口漏水，如接口处缺角或裂缝等； 2. 管道接口不平顺（轴线、高程）导致管道衔接处存在缝隙； 3. 采用橡胶圈承插连接的管道接口长度或承插深度不足，接口密封性不满足要求； 4. 因抹灰时钢丝网定位错误，砂浆质量、工艺、保养等原因，导致抹带质量差； 5. 橡胶圈质量差，橡胶圈与接头类型不匹配，安装时双橡胶圈距离过近，橡胶圈夹砂石等原因，导致橡胶圈未能起到应有的止水效果； 6. 热熔连接的管道由于热熔工艺如时间、温度、作业环境因素等未能按要求处理造成热熔接口漏水； 7. 钢管接口焊接完成后未按规定进行防腐处理，管道运营一定时间后，接口腐蚀漏水； 8. 钢管接口焊缝质量不满足要求，接口漏水； 9. 顶管施工完成后未堵住注浆口，注浆口漏水
防治措施及通用做法	1. 严格执行管材进场检验制度；HDPE、PVC 等化学建材保存须特别注意覆盖防晒；管道使用前需注意检查管材外观，是否存在裂纹、老化、缺角等，有问题的管材不得使用； 2. 管材吊运严格按照施工规范操作； 3. 管道安装位置需复核；沟槽开挖及垫层施工应注意槽底、垫层平顺；承插式混凝土管接口位置按照工艺要求施工；回填时应在管道两侧对称进行； 4. 保证抹带的施工应符合设计要求，防止抹带空鼓、开裂，水泥砂浆要严格按施工配合比配料，搅拌要均匀，要保证砂浆的强度及和易性。抹带前要先将抹带部分的管外壁凿毛，刷洗干净，刷水泥浆一道，根据管径大小不同采取相应的处理工艺； 5. 保证接口内壁平整，管径不大于 600mm 的管道（工人不能入内作业），在抹带的同时，配合用麻袋或其他工具在管道内来回拖动，将流入管内的砂浆拖平；管径大于 600mm 的管道，应勾抹内管缝； 6. 对于铁丝网水泥砂浆抹带接口要保证铁丝网与管网对中，铁丝网搭接长度和插入管座的长度满足设计要求；

防治措施及通用做法	7. 柔性接口橡胶圈的施工工艺按《给水排水管道工程施工及验收规范》GB 50268—2008 第 5.6.6 条执行； 8. 橡胶圈应使用管材供应商提供的橡胶圈或其他指定的配套橡胶圈；在管道安装前应注意检查橡胶圈是否有断裂、老化等问题，有问题的不得使用；管道安装橡胶圈应严格按厂家指定工艺进行，若厂家未指定则橡胶圈应按管道端头内壁凹槽的位置安装橡胶圈；若内壁无凹槽时则应视安装橡胶圈个数及承插长度具体而定，橡胶圈之间应有一定间距以确保其密封性；管道安装前应将管道接口处清理干净方能承插安装； 9. 热熔工具接通电源，到达工作温度，指示灯亮后方能开始操作；切割管材，必须使端面垂直于管轴线，切割后管材断面应去除毛边和毛刺；管材与管件连接端面必须清洁、干燥、无油；加热时间应满足热熔工具生产厂家的规定；刚熔接好接头的管道严禁旋转或移动； 10. 钢管焊接工艺应满足规范要求。焊接前，应将焊口两侧一定范围内的铁锈、污垢、油蜡等清除干净，直至露出金属光泽；焊接过程中应采取措施，保持接口干燥；管道接口的焊接，应注意避免出现应力集中；焊缝检验合格后，应及时进行内外防腐； 11. 采用顶管敷设的管道无论是否注浆，在顶进完成后均须注意检查注浆孔是否封堵；若采取螺栓封堵的，应对螺栓进行防腐处理
参考图示	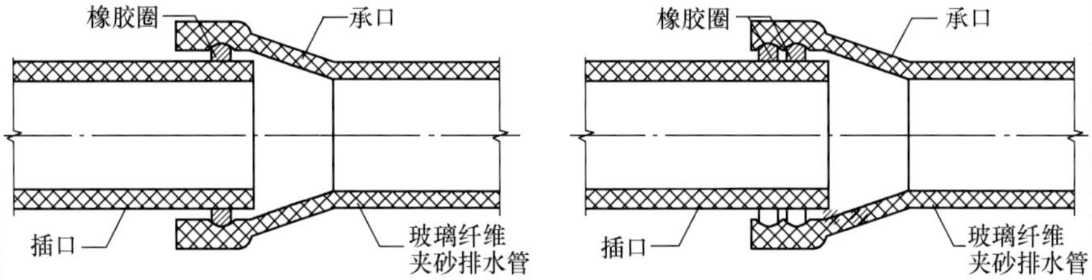橡胶圈 承口 插口 玻璃纤维夹砂排水管 橡胶圈 承口 插口 玻璃纤维夹砂排水管 图 6-6 说明： 1. 本图适用于开槽施工的 PE 双壁波纹排水管。 2. 橡胶圈应采用具有耐酸、碱、污水腐蚀的合成橡胶，其性能除应符合化工行业标准外，还应符合相关规定并与管材配套供应。 3. 接口橡胶圈采用弹性密封橡胶圈，其压缩率采用 30%～45%，环径系数采用 0.80～0.85。 4. 橡胶圈必须安装在波环管凹槽中，安装时承口内壁以及橡胶圈外缘需涂润滑剂，具体安装要求详见图集《埋地塑料排水管道施工》04S520 的 29～34 页。

参考图示

管材物理力学性能

项目	要求
环刚度（kN/m^2）SN 4	≥4
环刚度（kN/m^2）（SN6.3）	≥6.3
环刚度（kN/m^2）SN 8	≥8
冲击性能（TIR,%）	≤10
环柔性	试样圆滑，无反向弯曲，无破裂，两壁无脱开
烘箱试验	无气泡，无分层，无开裂
蠕变比率	≤4

注：括号内数值为非首选的环刚度等级

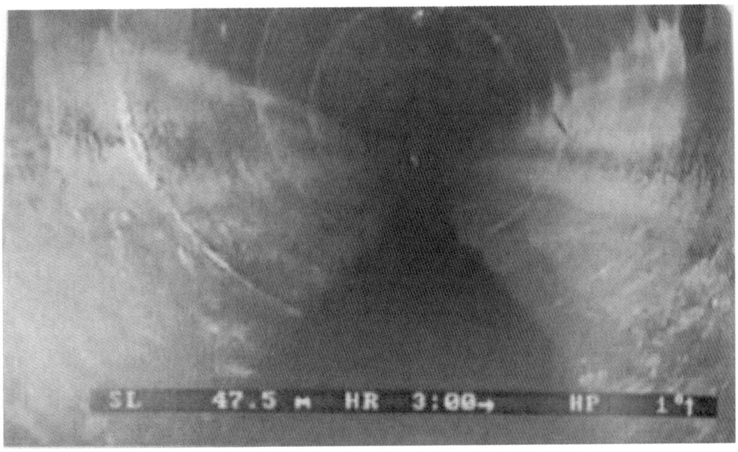
SL 47.5 m HR 3:00
HP

图 6-7　刚性管道接口连接工艺正确，无渗漏现象

图 6-8　柔性管道接口连接工艺正确，无渗漏现象

6.3 综合管沟沟槽变形缝、施工缝漏水

质量常见问题	综合管沟沟槽变形缝、施工缝处漏水
规范、标准相关规定	《给水排水构筑物工程施工及验收规范》GB 50141—2008 **6.1.10** 构筑物变形缝的止水带应按设计要求选用。 **6.7.7** 现浇钢筋混凝土结构管渠施工应符合本规范第 6.2 节的规定和设计要求，并应符合下列规定： 3 管渠变形缝内止水带的位置应准确牢固，并与变形缝垂直，与墙体中心对正；架立止水带的钢筋应预先制作成型。 **6.8.9** 构筑物变形缝应符合下列规定： 1 构筑物变形缝的止水带、柔性密封资料等的产品质量保证资料应齐全，每批的出厂质量合格证明书及各项性能检验报告应符合相关规定和设计要求； 2 止水带位置应符合设计要求；安装固定稳定，无孔洞、撕裂、扭曲、褶皱等现象； 3 先行施工一侧的变形缝结构端面应平整、垂直，混凝土或砌筑砂浆应密实，止水带与结构咬合紧密；端面混凝土外观严禁出现严重质量缺陷，且无明显一般质量缺陷； 4 变形缝应贯通，缝宽均匀一致；柔性密封材料嵌填应完整、饱满、密实
原因分析	1. 止水带固定定位不当，如橡胶止水带的中间变形圈位置定位不准确； 2. 沉降缝处混凝土浇筑振捣不密实，产生渗漏； 3. 止水带耐水性差，长期腐蚀导致渗漏； 4. 施工缝处理不当，施工时施工缝位置清理不干净，止水措施不足
防治措施及通用做法	1. 止水带进场前应严格执行进场检验手续；止水带不得长时间露天暴晒、雨淋，勿与油类、酸碱类等腐蚀性化学物质接触；浇筑和振捣混凝土过程中，应防止尖锐物刺破止水带；施工过程中，止水带必须可靠固定，避免在浇筑混凝土时发生位移；止水带定位时不能出现翻转、扭曲等现象；混凝土浇捣时必须充分振动，保证止水带和混凝土结合良好；固定止水带时，如需穿孔，作业时只能选在止水带的边缘安装区，不得损坏止水带的有效部位；止水带如需现场接头时，应采用热压硫化等方法，应保证接头处外观平整、连接牢固；

防治措施及通用做法	2. 施工缝处继续浇筑混凝土前，应清理垃圾、水泥薄膜、表面上松动砂石和软弱混凝土层，同时还应加以凿毛，用水冲洗干净并充分湿润，一般不宜少于 24h；残留在混凝土表面的积水应予以清除； 3. 后浇带施工缝的界面应保持干燥、平整，施工前须清除界面上浮渣、尘土及杂物；止水条必须与混凝土界面紧密接触、固定牢实，防止止水条脱离界面； 4. 保证钢板止水带定位在墙体中线上，且两端弯折处应朝向迎水面；两块钢板之间的焊接要饱满，确保不渗水
参考图示	 图 6-9

6.4 排水管道与井室接口漏水

质量常见问题	排水管道与井室的接口处渗漏水超规范要求
规范、标准相关规定	《给水排水管道工程施工及验收规范》GB 50268—2008 **5.2.2** 混凝土基础施工应符合下列规定： 1 平基与管座的模板，可一次或两次支设，每次支设高度宜略高于混凝土的浇筑高度； 2 平基、管座的混凝土设计无要求时，宜采用强度等级不低于 C15 的低坍落度混凝土； 3 管座与平基分层浇筑时，应先将平基凿毛冲洗干净，并将平基与管体相接触的腋角部位，用同强度等级的水泥砂浆填满、捣实后，再浇筑混凝土，使管体与管座混凝土结合严密； 4 管座与平基采用垫块一次浇筑时，必须先从一侧灌注混凝土，对侧的混凝土高过管底与灌注侧混凝土高度相同时，两侧再同时浇筑，并保持两侧混凝土高度一致；

规范、标准相关规定	5　管道基础应按设计要求留变形缝，变形缝的位置应与柔性接口相一致； 6　管道平基与井室基础宜同时浇筑；跌落水井上游接近井基础的一段应砌筑加固，并将平基混凝土浇至井基础边缘； 7　混凝土浇筑中应防止离析；浇筑后应进行养护，强度低于1.2MPa时不得承受荷载。 **8.1.4**　管道附属构筑物的基础（包括支墩侧基）应建在原状土上，当原状土地基松软或被扰动时，应按设计要求进行地基处理。 **8.2.1**　井室的混凝土基础应与管道基础同时浇筑；施工应满足本规范第5.2.2条的规定。 **8.2.2**　管道穿过井壁的施工应符合设计要求；设计无要求时应符合下列规定： 1　混凝土类管道、金属类无压管道，其管外壁与砌筑井壁洞圈之间为刚性连接时水泥砂浆应坐浆饱满、密实； 2　金属类压力管道，井壁洞圈应预设套管，管道外壁与套管的间隙应四周均匀一致，其间隙宜采用柔性或半柔性材料填嵌密实； 3　化学建材管道宜采用中介层法与井壁洞圈连接； 4　对于现浇混凝土结构井室，井壁洞圈应振捣密实； 5　排水管道接入检查井时，管口外缘与井内壁平齐；接入管径大于300mm时，对于砌筑结构井室应砌砖圈加固。 **8.2.6**　有支、连管接入的井室，应在井室施工的同时安装预留支、连管，预留管的管径、方向、高程应符合设计要求，管与井壁衔接处应严密；排水检查井的预留管管口宜采用低强度砂浆砌筑封口抹平
原因分析	1. 管与井室接口处回填施工质量差，填土不均匀沉降导致管道产生破损或接口开裂； 2. 检查井施工质量差，井壁与其连接管的结合处渗漏； 3. 管道基础施工质量差导致管道和基础出现不均匀沉陷，造成局部积水，严重时会出现管道断裂或接口开裂； 4. 管道从管沟伸入井内，由于基础承载力的差异：从硬到软或从软到硬，管道发生剪切或应力集中导致接口破裂
防治措施及通用做法	1. 管腋部填土必须塞严、振捣，保持与管道紧密接触；管道的管顶部分填土施工采用人工夯实或轻型机械压实，严禁压实机具直接作用在管道上； 2. 化学建材管道宜在管材和井壁相接部位的外表面预先用聚氯乙烯胶粘剂、粗砂做成中间层，然后用水泥砂浆砌入检查井的井壁内；钢筋混凝土管先将管材进入井室段凿毛、晒水，应再用防水砂浆填实管道与管井的间隙；

防治措施及通用做法	3. 严禁基坑超挖、浸泡； 4. 在管井相接的位置设置基础过渡区，化学建材管道以短管的形式与检查井连接，保证管道得到均匀的支撑
参考图示	 图 6-10　检查井接口无漏水

6.5　给水排水结构构筑物开裂与渗透

质量常见问题	给水排水结构构筑物出现开裂或渗漏现象
规范、标准相关规定	《给水排水构筑物工程施工及验收规范》GB 50141—2008 **6.2.2**　混凝土模板安装应按现行国家标准《混凝土结构工程施工质量验收规范》GB 50204 的相关规定执行，并应符合下列规定： 6　采用穿墙螺栓来平衡混凝土浇筑对模板的侧压力时，应选用两端能拆除的螺栓，并应符合下列规定： 1）两端能拆卸的螺栓中部宜加焊止水环，且止水环不宜采用圆形； 2）螺栓拆卸后混凝土壁面应留有 40mm～50mm 深的锥形槽； 3）在池壁形成的螺栓锥形槽，应采用无收缩、易密实、具有足够强度、与池壁混凝土颜色一致或接近的材料封堵，封堵完毕的穿墙螺栓孔不得有收缩裂缝和湿渍现象。 8　设有变形缝的构筑物，其变形缝处的端面模板安装还应符合下列规定： 1）变形缝止水带安装应固定牢固、线形平顺、位置准确； 2）止水带面中心线应与变形缝中心线对正，嵌入混凝土结构端面的位置应符合设计要求；

<table>
<tr><td>规范、标准相关规定</td><td>
3）止水带和模板安装中，不得损伤带面，不得在止水带上穿孔或用铁钉固定就位。
《混凝土结构工程施工质量验收规范》GB 50204—2015
8.1.2 现浇结构的外观质量缺陷应由监理单位、施工单位等各方根据其对结构性能和使用功能影响的严重程度按表 8.1.1 确定。
表 8.1.2　现浇结构外观质量缺陷（摘录）
<table>
<tr><th>名称</th><th>现象</th><th>严重缺陷</th><th>一般缺陷</th></tr>
<tr><td>裂缝</td><td>缝隙从混凝土表面延伸至混凝土内部</td><td>构件主要受力部位有影响结构性能或使用功能的裂缝</td><td>其他部位有少量不影响结构性能或使用功能的裂缝</td></tr>
</table>
条文说明：8.1.2 对现浇结构外观质量的验收，采用检查缺陷，并对缺陷的性质和数量加以限制的方法进行。本条提出了确定现浇结构外观质量严重缺陷、一般缺陷的一般原则。各种缺陷的数量限制可根据实际情况作出规定
</td></tr>
<tr><td>原因分析</td><td>
1. 混凝土的振捣、养护方式不正确，影响结构自防水质量；
2. 外防水层材料的质量差，使用工艺不正确，影响防水效果；
3. 对拉螺栓没设置止水环与螺栓焊缝不饱满，给池体渗漏预留通道；
4. 变形缝、施工缝位置结构自防水薄弱，止水带安装、混凝土施工等工序不符合要求；
5. 混凝土的配合比不良，混凝土坍落度大，水灰比大增加混凝土收缩，容易产生干缩裂缝；
6. 拌制混凝土生产没按要求施工配合比执行，混凝土运输浇筑方式不合理导致离析，混凝土的原材料发生变化，没有及时调整配合比；
7. 混凝土浇筑不连续出现冷缝，混凝土的振捣、养护方式不正确，没有采取相应的有效措施；
8. 大体积混凝土施工时没有采取分层施工、降低入模时的温度等措施，造成混凝土结构开裂
</td></tr>
<tr><td>预防措施</td><td>
1. 优先选用低、中热水泥；严格控制骨料的含泥量；在混凝土配合比设计上要尽量减少水泥用量，尽可能在满足施工工艺的要求下降低水灰比、坍落度和砂率；宜采用“双掺”技术（掺减水剂和掺粉煤灰）；
2. 根据不同的地形情况，分别采用混凝土输送泵、溜槽、串筒及起重机吊运输送至作业面浇筑，混凝土自由倾落高度不能超过 2m；输送泵间歇时间不宜超过 45min；
</td></tr>
</table>

预防措施	3. 防水混凝土的原材料，每班检查原材料称量，在浇筑地点测定混凝土坍落度，如有变化时，应及时调整混凝土的配合比；混凝土到达现场后核对预拌混凝土出厂质量证明书，并在现场作坍落度核对，允许±（1～2）cm误差，超过者立即通知搅拌站调整，严禁在现场任意加水； 4. 主体混凝土施工，应按设计变形缝或施工缝为区段间隔施工，并一次浇筑完毕，保证混凝土连续供应； 5. 混凝土必须采用振动器振捣，振捣时间宜为 10～30s，并以混凝土开始泛浆和不冒气泡为准；振动器移动距离不宜大于作用半径一倍，插入下层混凝土深度不小于 5cm。混凝土浇筑完毕 12h 内进行覆盖和浇水养护，养护时间不小于 7 昼夜； 6. 可采用以下温控措施：混凝土入仓温度控制在 28℃以下，延长拆模时间，做好保温工作，用麻袋覆盖浇水，加强对混凝土表面的养护； 7. 外防水层材料经检测合格后方能使用，施工前对防水基面作打凿、填补等处理，确保基面平整、干净、光洁； 8. 螺栓中部加焊方形止水环，止水环与螺栓焊缝必须饱满； 9. 对难以清扫的墙缝边角，模板支设时需考虑清扫口，浇筑混凝土前用压缩空气和高压水枪将浮浆清理干净，要求堵头模板拼缝严密，不允许有漏浆情况。变形缝内中置式橡胶止水带在端头模板支设时同时安装，采用细钢丝固定于止水带钢筋夹，固定点间距不得大于 30cm
参考图示	 图 6-11　构筑物墙体无开裂与渗漏现象

6.6　穿墙件处渗漏

质量常见问题	穿墙件处渗漏
规范、标准相关规定	《地下防水工程质量验收规范》GB 50208—2011 **5.4.3**　固定式穿墙管应加焊止水环或环绕遇水膨胀止水圈，并做好防腐处理；穿墙管应在主体结构迎水面预留凹槽，槽内应用密封材料嵌填密实。

<table>
<tr><td>规范、标准相关规定</td><td>检验方法：观察检查和检查隐藏工程验收记录
5.4.4 套管式穿墙管的套管与止水环及翼环应连续满焊，并做好防腐处理；套管内表面应清理干净，穿墙管与套管之间应用密封材料和橡胶密封圈进行密封处理，并采用法兰盘及螺栓进行固定
检验方法：观察检查和检查隐藏工程验收记录</td></tr>
<tr><td>原因分析</td><td>1. 井壁洞圈混凝土不密实；
2. 套管与穿墙件间隙填嵌不密实；
3. 套管止水环焊接质量差</td></tr>
<tr><td>预防措施</td><td>1. 浇筑套管周边混凝土时，插入式振动器应与套管保留一定距离，靠近套管位置可用钢筋插捣；
2. 穿墙件穿过套管，安装完毕后应在穿墙件与套管件填嵌设计所要求内衬填料，并填嵌密实；
3. 套管止水环应采用方形钢板，焊在套管中间位置并确保连接满焊；
4. 管道穿过井壁的施工应符合以下要求；化学建材类管道宜采用中介法与井壁洞圈连接；金属类压力管道，井壁洞圈应设套管，管道外壁与套管的间隙应四周均匀一致，其间隙宜采用柔性或半柔性材料密实；
5. 施工工序：钢筋制安→套管安装→模板安装→混凝土浇筑→模板拆除→穿墙件安装→嵌入内衬填料</td></tr>
<tr><td>参考图示</td><td>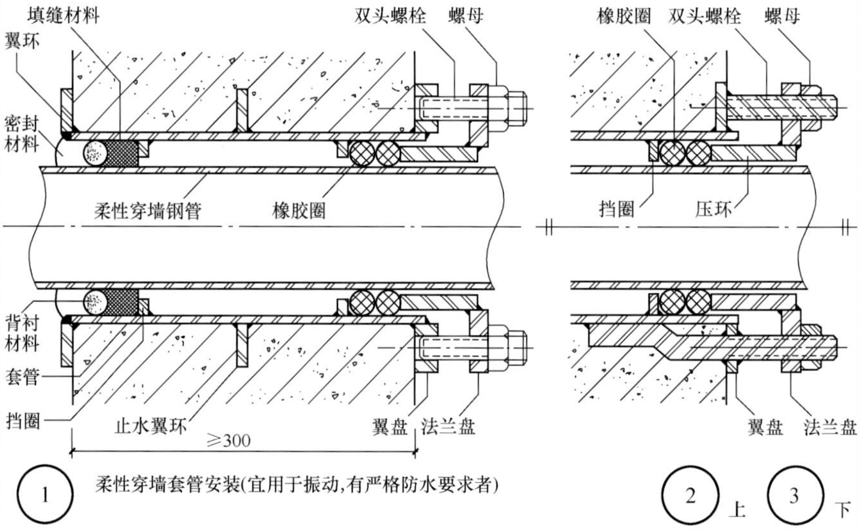
填缝材料
翼环
密封材料
双头螺栓
螺母
柔性穿墙钢管
橡胶圈
背衬材料
套管
挡圈
止水翼环
≥300
翼盘
法兰盘
1
柔性穿墙套管安装(宜用于振动,有严格防水要求者)
橡胶圈
双头螺栓
螺母
挡圈
压环
翼盘
法兰盘
2
上
3
下
图 6-12</td></tr>
</table>

6.7 排水管道渗漏、堵塞

质量常见问题	1. 排水管道安装接口不密实，出现渗漏； 2. 排水管道内有杂物，出现堵塞
规范、标准相关规定	《城市桥梁工程施工与质量验收规范》CJJ 2—2008 **20.1.2** 泄水管下端至少应伸出构筑物底面 100～150mm。泄水管宜通过竖向管道直接引至底面或雨水管线，其竖向管道应采用抱箍、卡环、定位卡等预埋件固定在结构物上
原因分析	1. 排水管道渗漏； 2. 安管操作不细致； 3. 管道接缝处施工不细致、不密实； 4. 排水管道堵塞 （1）管道封堵不及时或方法不当，造成水泥砂浆等杂物掉入管道中； （2）管道安装时，没有认真清理管道内的杂物； （3）管道安装坡度不均匀，甚至局部倒坡
预防措施	1. 排水管道渗漏： （1）严格执行操作规程； （2）管道进场后进行挑选，将管壁厚薄不同的管道合理搭配安装； （3）敷设在混凝土防撞栏内的硬塑排水管，应采用套管对接，套管与主管接缝处用封口胶带封严密，防止浇灌混凝土时漏浆，造成排水不畅。 2. 排水管道堵塞： 1）及时封堵管道口，防止杂物掉进管道； 2）管道安装时认真疏通管道，除去杂物； 3）保持管道安装坡度均匀，不得有倒坡
参考图示	 图 6-13

6.8 垃圾填埋场水平防渗系统渗漏

<table>
<tr><td>质量常见问题</td><td>HDPE 防渗土工膜及 GCL 膨润土防水垫有孔洞、缝隙造成渗漏</td></tr>
<tr><td>规范、标准相关规定</td><td>《生活垃圾卫生填埋场防渗系统工程技术规范》CJJ 113—2007
4.2.2 HDPE 膜的外观要求应符合表 4.2.2 的规定
表 4.2.2 HDPE 膜外观要求
<table>
<tr><td>项目</td><td>要求</td></tr>
<tr><td>切口</td><td>平直，无明显锯齿现象</td></tr>
<tr><td>穿孔修复点</td><td>不允许</td></tr>
<tr><td>机械（加工）划痕</td><td>无或不明显</td></tr>
<tr><td>僵块</td><td>每平方米限于 10 个以内</td></tr>
<tr><td>气泡和杂质</td><td>不允许</td></tr>
<tr><td>裂纹、分层、接头和断</td><td>不允许</td></tr>
<tr><td>糙面膜外观</td><td>均匀，不应有结块、缺损等现象</td></tr>
</table>
5.3.4 在安装 HDPE 膜之前，应检查其膜下保护层，每平方米的平整度误差不宜超过 20mm。
5.3.6 HDPE 膜展开完成后，应及时焊接，HDPE 膜的搭接宽度应符合本规范表 3.7.2 的规定。
5.3.8 HDPE 膜铺设过程中必须进行搭接宽度和焊缝质量控制。监理必须全过程监督膜的焊接和检验。
5.3.9 施工中应注意保护 HDPE 膜不受破坏，车辆不得直接在 HDPE 膜上碾压。
5.5.2 GCL 不应在雨雪天气下施工。
5.5.4 GCL 施工完成后，应采取有效的保护措施，任何人员不得穿钉鞋等在 GCL 上踩踏，车辆不得直接在 GCL 上碾压</td></tr>
<tr><td>原因分析</td><td>1. 土工膜、GCL 膨润土防水垫原材料存在质量问题；
2. 基础层不平整、压实度不够，以致土工膜、GCL 铺设不平整，引起受力不均，拉裂；基底有尖锐物品、植物根茎等未清除，土工膜、GCL 被穿刺；
3. HDPE 防渗膜焊接质量不佳，存在虚焊、漏焊、超量焊；
4. 土工膜的热胀冷缩超过标准，导致土工膜拉裂；
5. 由于 GCL 防水垫运输过程随意，施工用水引起膨润土早期水化，导致膨润土防水垫功能失效；
6. GCL 破损孔洞的处理措施不当，以致孔洞处即为渗水的薄弱地带；
7. 防渗系统铺设完成后，成品保护措施不当；
8. 雨水井及倒排盲沟防渗及密封措施不足</td></tr>
</table>

预防措施	1. 严格执行防渗主材进出检验制度；防渗膜、GCL 膨润土防水垫等材料保存须特别注意覆盖防晒、防水；吊运时应注意保护，以防扎破；安装前需注意检查外观有无裂纹、穿孔、破损等不利因素，有问题的土工膜、GCL 不得投入使用； 2. 基底应清理平整、按照设计要求夯实紧密；安装防渗膜前，需将有石子、树根、瓦砾、混凝土颗粒、钢筋头等可能损伤防渗材料的杂物清除； 3. 焊接前应将膜截面的污垢、砂土、积水等影响焊接质量的杂质清理干净；搭接的两层土工膜应展平；膜的焊接采用双轨热熔焊机焊接，焊接时应根据气温和材料性能，随时调整和控制焊接的工作温度、速度；接缝处需要打毛，使其粗糙为准，紧靠两层膜的结合部必须打毛，以免影响焊接质量；焊缝要整齐、美观，不得有滑焊、跳走现象； 4. 应根据当地气温变化幅度和膜的性能要求，以及现场地形和膜的铺设情况预留出温度变化引起的伸缩变形量； 5. GCL 运输时应防水运输；铺设防水垫前，应注意天气预报的天气变化，防止雨前铺设； 6. 在防水垫铺设过程中，对破损处先做明显标示；破损如为钉孔，用膨润土防水浆封闭即可；其他较大的破损，先用膨润土防水浆破损部位封闭，再用同质防水垫覆盖修补，补丁应大于破损边缘 300mm，并用水泥钉固定；同时，必须用膨润土防水浆将补丁周边封闭； 7. 铺膜及 GCL 膨润土防水垫的过程中应随时检查外观有无破损、水纹、麻点、孔眼以及折痕等缺陷，发现不合格产品应立即更换； 8. 膜铺设完成后，应尽量减少在膜面上行走；施工现场的所有人员都不能抽烟，不得穿带铁钉或高跟鞋到膜面上行走，不允许从事一切可能破坏膜的活动； 9. 根据地下水的渗流量，选择相应的土工复合排水网，减少集水井及管道的渗漏，造成地基下陷； 10. 土工布按 200m 接缝取一个样检测搭接效果，合格率应为 90%； 11. HDPE 膜焊接质量检测应符合《生活垃圾卫生填埋场防渗系统工程技术规范》CJJ 113—2007 第 6.1.7 条第 3 款规定： （1）对热熔焊接每条焊缝应进行气压检测，合格率应为 100%； （2）对挤压焊接每条焊缝应进行真空检测，合格率应为 100%； （3）焊缝破坏性检测，按每 1000m 焊缝取一个 1000mm×350mm 样品做强度测试，合格率应为 100%； （4）气压、真空和破坏性检测及电火花测试方法应符合相关规定

参考图示	 图 6-14

6.9 垃圾填埋场管道穿堤坝处渗漏

质量常见问题	当渗沥液收集管道穿膜（水平收集系统需要穿过垂直防渗系统、堤坝）时，易渗漏
规范、标准相关规定	《生活垃圾卫生填埋场防渗系统工程技术规范》CJJ 113—2007 **3.5.3** 渗沥液收集导排系统中的所有材料应具有足够的强度，以承受垃圾、覆盖材料等荷载及操作设备的压力。 **3.5.7** 渗沥液排除系统宜采用重力流排出；不能利用重力流排出时，应设置泵井。渗沥液排出管需要穿过土工膜时，应保证衔接处密封
原因分析	1. 管道与垂直防渗系统之间的结合不够紧密，易造成管道外壁位置从垂直防渗、堤坝穿过时渗漏； 2. 管道穿膜时焊接质量不高，造成填埋区内渗沥液渗漏。挤压焊时，焊接随意，焊缝厚薄不均；焊接完成后，未按重点部位进行渗漏检测
预防措施	1. 首先，要按先后顺序进行管道与垂直防渗系统、堤坝的施工，先施工管道，再进行垂直防渗系统施工。可通过在管道平面位置，垂直防渗的上、下游，利用增加高压灌浆帷幕方式进行加强抗渗及填补管道与垂直防渗墙、堤坝之间的空隙； 2. 管穿膜时，膜上预留孔洞大小要与穿过管道相适应

参考图示	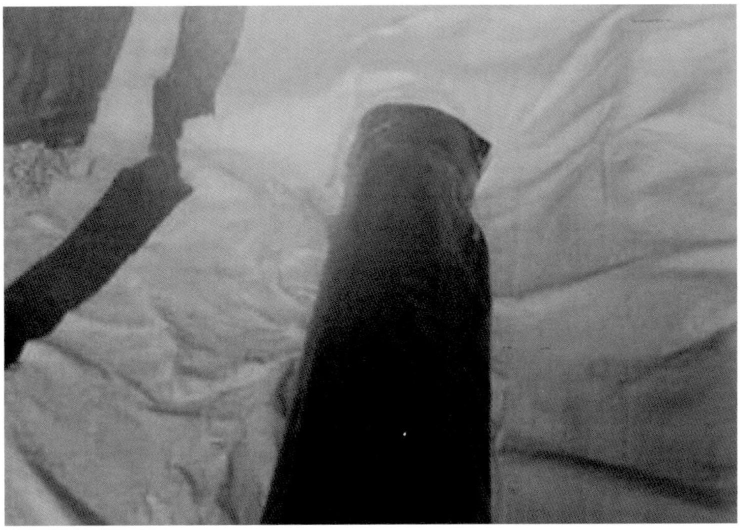 图 6-15

第七章　注浆堵漏工程

7.1　地下室底板裂缝渗漏的注浆处理

质量常见问题	底板裂缝注浆施工后仍出现的渗水现象
规范、标准相关规定	《地下工程渗漏治理技术规程》JGJ/T 212—2010 **3.3.2**　灌浆材料的选择宜符合下列规定： 1　注浆止水时，宜根据渗漏量、可灌性及现场环境等条件选择聚氨酯、丙烯酸盐、水泥一水玻璃或水泥基灌浆材料，并宜通过现场配合比试验确定合适的浆液固化时间； 4　环氧树脂灌浆材料不宜在水流速度较大的条件下使用，且不宜用作注浆止水材料
原因分析	1. 调查与设计： (1) 渗漏水现场调查不严谨，方案设计不够全面； (2) 对裂缝处的渗漏量、可灌性及现场环境等条件了解不够。 2. 选材： 对注浆法的选材了解不够，没有根据具体的裂缝情况、渗水情况选择相应的注浆材料。如选择环氧类的注浆材料，该材料界面粘结强度小于材料自身的内聚强度，造成界面破坏。目前灌浆堵漏多选用水性与油性聚氨酯灌浆液按 2∶1 或 3∶1 混合使用的方法，这也是再渗漏复灌的原因之一。应当明确的是：形成涌水或线流的混凝土裂缝应选用水性聚氨酯灌浆材料，无线流、滴水、潮湿混凝土裂缝应选用油性聚氨酯灌浆材料。 3. 施工： 注浆施工操作不规范：包括打孔角度、浆液的选择、注浆压力参数、保压时间等
防治措施及通用做法	1. 现场调查： 在注浆施工前应进行详细的现场调查，如渗水水源及变化规律，渗漏水发生部位及现状等，并应收集相应的工程技术资料。 2. 方案设计： 根据现场调查结果及收集的资料进行注浆止水的方案设计，其内容应包括选用材料、施工方法等。特别注意，湿缝不可以选用粘结类材料，如环氧树脂灌浆材料。

防治措施及通用做法	3. 精心选材、精心施工： 如某工程地下室底板有裂缝，且水流速度较大，此时若选用环氧树脂注浆会由于其固化速率较慢材料会被水带走，《地下工程渗漏治理技术规程》JGJ/T 212—2010 已规定此时不可用此类材料注浆而应选择该规程第 3.3.2 条中规定的材料，正式施工前应在现场作配合比试验，以确定合适的浆液固化时间

7.2 地下室后浇带注浆施工中易出现的问题

质量常见问题	后浇带渗漏水注浆后常发生的复漏现象
规范、标准相关规定	《地下工程渗漏治理技术规程》JGJ/T 212—2010 **1.0.3** 地下工程渗漏治理的设计和施工应遵循“以堵为主，堵排结合，因地制宜，多道设防，综合治理”的原则。 **3.3.1** 渗漏治理所选用的材料应符合下列规定： 3 灌浆材料应满足工程的特定使用功能要求
原因分析	1. 对后浇带的渗水原因分析不正确，不了解土建施工浇筑混凝土中存在的问题； 2. 只对渗水位置采取了注浆施工； 3. 选用的注浆材料满足不了现场条件的需要； 4. 没能做多道设防； 5. 应勘查后浇带混凝土的质量
防治措施及通用做法	1. 应根据现场渗水量的大小制定施工方案； 2. 对渗水量大的位置，采用无机灌浆材料填充内部的空腔； 3. 对渗水量小的位置采用有机灌浆料（如聚氨酯或丙烯酸盐灌浆材料）进行注浆止水；应当指出后浇带渗漏，首先堵漏材料应是油性聚氨酯灌浆材料； 4. 注浆完成后观察 24h 或 48h 无渗漏后，拆除注浆针头，应对整条后浇带的施工缝选用聚合物水泥防水砂浆做一个刚性防水层，厚度不小于 3mm； 5. 涂刷渗透结晶型防水涂料，在后浇带两侧各涂刷 800～1000mm，用量为 1.5kg/m^2

参考图示	 图 7-1	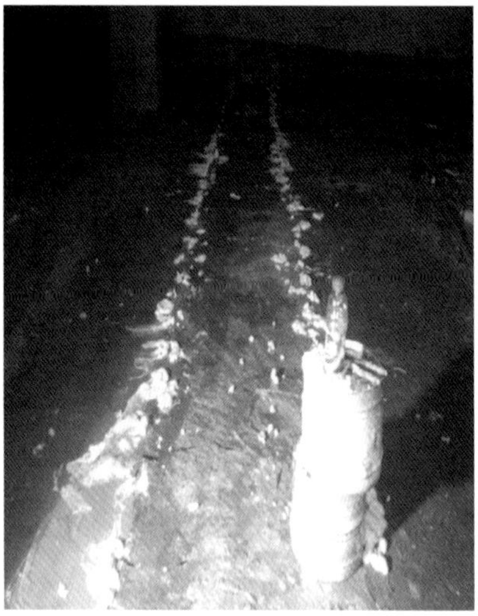 图 7-2

7.3　地下室混凝土结构裂缝注浆施工中易出现的问题

质量常见问题	地下室混凝土结构裂缝渗漏注浆后容易出现复渗现象
规范、标准相关规定	《地下工程渗漏治理技术规程》JGJ/T 212—2010 **1.0.3**　地下工程渗漏治理的设计和施工应遵循“以堵为主，堵排结合，因地制宜，多道设防，综合治理”的原则。 **3.3.1**　渗漏治理所选用的材料应符合下列规定： 3　灌浆材料应满足工程的特定使用功能要求。 **4.3.2**　施工缝渗漏的止水及刚性防水层的施工应符合相关规定
原因分析	1. 只对渗水位置注浆堵漏； 2. 未做多道设防，综合治理； 3. 选用的注浆材料与现场施工条件不适应； 4. 前注浆材料是否使用水性与油性混合聚氨酯灌浆材料
防治措施及通用做法	1. 用钻孔注浆止水时，应符合下列规定： （1）对无补强要求的裂缝，注浆孔宜交叉布置在裂缝两侧，钻孔应斜穿裂缝，垂直深度宜为混凝土结构厚度 h 的 1/3～1/2，孔间距宜为 300～500mm，斜孔倾角 θ 宜为 45°～60°，注浆压力应根据工程实际情况及浆液的可灌性现场试验确定；

防治措施及通用做法	（2）对有补强要求的裂缝，宜先钻斜孔并注入聚氨酯灌浆材料止水，确保不渗漏后，根据现场实际情况，确定补强方案。再宜二次钻斜孔，注入可在潮湿环境下固化的环氧树脂灌浆材料或水泥基灌浆材料。 2. 灌浆材料应根据渗漏部位、渗漏现象等因素有针对性地选择，具体可参考《地下工程渗漏治理技术规程》JGJ/T 212—2010 第 3.3.2 条及第 4.1.1 条； 3. 灌浆材料应采用有机材料、无机材料相结合； 4. 注浆应从一端向另一端或由低向高进行； 5. 注浆时观察裂缝出水现象，应先出水，后出注浆液并两注浆嘴间的浆液互相连接才能停止注浆，并向下一个注浆针头注浆； 6. 注浆完成后观察不渗水后将注浆针头拆除，并应用聚合物防水砂浆在施工缝处整体做一道 3～4mm 厚、宽约 200mm 的防水层或涂刷 800～1000mm 宽渗透结晶防水涂料，用量 1.5kg/m^2
参考图示	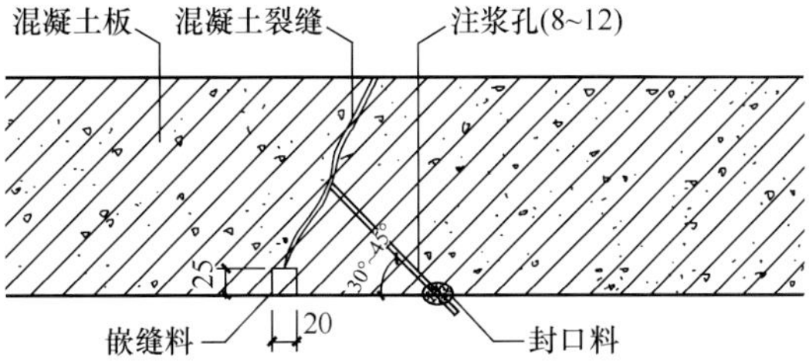混凝土板 混凝土裂缝 注浆孔(8~12) 25 30°~45° 嵌缝料 20 封口料 图 7-3

7.4 地下室混凝土结构大面积渗漏处理

质量常见问题	混凝土结构大面积渗水注浆治理的误区
规范、标准相关规定	《地下工程渗漏治理技术规程》JGJ/T 212—2010 **4.2.7** 大面积渗漏且有明水时，宜先采取钻孔或快速封堵止水，再在基层表面设置刚性防水层，并应符合下列规定： 1 当采取钻孔注浆止水时，应符合下列规定： 1）宜在基层表面均匀布孔，钻孔间距不宜大于 500mm，钻孔深度不宜小于结构厚度的 1/2； 3 设置刚性防水层时，宜先涂布水泥基渗透结晶型防水涂料或渗透型环氧树脂类防水涂料，再抹压聚合物水泥防水砂浆，必要时可在砂浆层中铺设耐碱纤维网格布

原因分析	1. 未将基坑地下水降到基底以下 0.5m 处； 2. 地下室底板混凝土厚度、强度没有达到规范要求； 3. 浇筑混凝土时，基坑内有积水未清净； 4. 地下室防水设计或防水施工质量不合格； 5. 地下室结构混凝土振捣不密实，抗渗性能未达到设计要求； 6. 对渗水原因分析得不全面，采取的治理方案不适合现场环境的需要； 7. 选用的速凝止水材料质量不合格； 8. 未采用多道设防、综合治理的方法
防治措施及通用做法	1. 应对渗水位置的渗水量和范围及对混凝土损害程度，做现场勘查； 2. 根据勘查结果制定相对应的施工工法和选择合适的治理材料； 3. 需注浆时应按梅花状布孔，钻孔间距应为 200～300mm，钻孔时要避开钢筋，孔深在结构厚度的 1/2 左右； 4. 注浆材料应选可灌性好的聚氨酯或丙烯酸盐灌浆材料，注浆压力应根据工程实际情况及浆液的可灌性现场试验确定； 5. 注浆止水后清理基面，将松动的混凝土或蜂窝、麻面处理掉，至坚实的结构层； 6. 涂刷水泥基渗透结晶型防水涂料，厚度不小于 1mm（用量1.5kg/m^2）； 7. 待涂膜固化后，刮压聚合物水泥防水砂浆，厚度 7～8mm； 8. 可考虑增设排水板等措施
参考图示	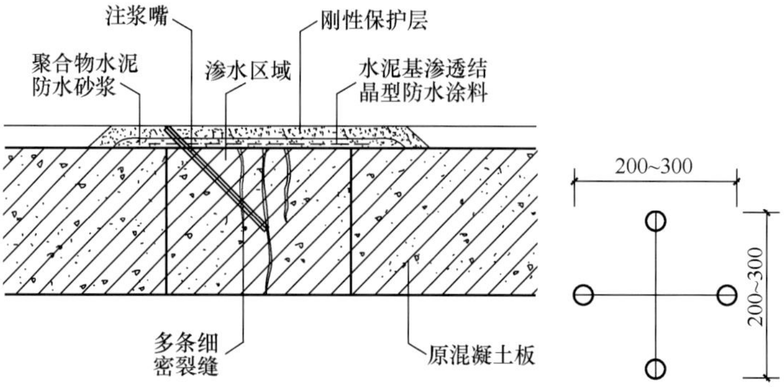注浆嘴 刚性保护层 聚合物水泥防水砂浆 渗水区域 水泥基渗透结晶型防水涂料 200~300 200~300 多条细密裂缝 原混凝土板 图 7-4

7.5 混凝土涌水洞治理的误区

质量常见问题	混凝土出现涌水孔洞
规范、标准相关规定	《地下工程渗漏治理技术规程》JGJ/T 212—2010 **4.2.9** 孔洞的渗漏宜先采取注浆或快速封堵止水，再设置刚性防水层，并应符合下列规定： 1 当水压大或孔洞直径大于等于 50mm 时，宜采用埋管（嘴）注浆止水。 3 止水后宜在孔洞周围 200mm 范围内的基层表面涂布水泥基渗透结晶型防水涂料或渗透型环氧树脂类防水涂料，并宜抹压聚合物水泥防水砂浆
原因分析	1. 采用速凝止水后，在速凝堵漏材料表面不做防水层； 2. 选用的速凝止水材料质量不合格，经不住时间的检验； 3. 选用的治理方案错误； 4. 未找准渗漏孔洞位置
防治措施及通用做法	1. 根据现场渗水情况制定合理的施工方案； 2. 采用无机的灌浆材料先止水； 3. 用水后观察 24～48h 是否有渗水，如有渗水采取钻孔埋注浆针头灌注化学灌浆材料（如聚氨酯注浆材料）； 4. 观察不渗水后，清理孔洞周边基层，宽度不小于 300mm，并涂刷 1mm 厚（用量 1.5kg/m^2）的水泥基渗透结晶型防水涂料，待涂膜固化后，再在表面刮压 3～5mm 的聚合物水泥防水砂浆
参考图示	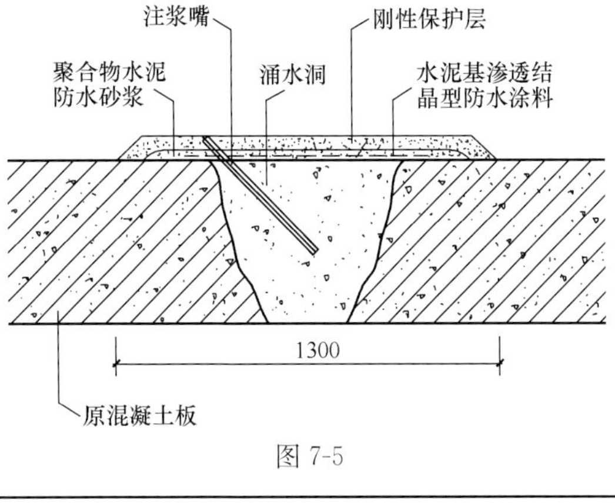 注浆嘴 刚性保护层 聚合物水泥 防水砂浆 涌水洞 水泥基渗透结 晶型防水涂料 1300 原混凝土板 图 7-5

7.6 屋面板结构裂缝的注浆法修补

质量常见问题	屋面板因设计、施工原因强度不足，产生结构裂缝
规范、标准相关规定	《混凝土结构设计规范》GB 50010—2010，2015 年版 **9.1.8** 在温度、收缩应力较大的现浇板区域，应在板的表面双向配置防裂构造钢筋。配筋率均不宜小于 0.10%，间距不宜大于 200mm。防裂构造钢筋可利用原有钢筋贯通布置，也可另行设置钢筋并与原有钢筋按受拉钢筋的要求搭接或在周边构件中锚固。 《深圳市建筑防水工程技术规范》SJG 19—2019 **4.3.1** 混凝土强度等级不宜低于 C25，板厚不宜小于 100mm，双层双向配筋间距不应大于 150mm
原因分析	1. 设计： 板面配筋偏小，板面负筋未拉通。 2. 施工： （1）泵送混凝土配合比不符合要求，坍落度偏大，混凝土强度等级偏低，有时小于 C25； （2）板厚偏小，不满足设计要求； （3）屋面结构板混凝土养护时间不足； （4）混凝土模板支撑时间不足，拆模过早； （5）在混凝土板上堆放重物
防治措施及通用做法	1. 将屋面板上原有防水、保温层去除； 2. 对裂缝处用注浆法及表面封闭法等修补； 3. 板面凿毛并设抗剪连接件； 4. 按计算，当屋面结构板需加固补强处理时，板面叠合一层混凝土并相应配筋； 5. 在叠合层上再做防水、保温层； 6. 可在混凝土结构板上涂刷渗透结晶型防水涂料 （注：地下室顶板有类似问题时，可参考此做法处理）

参考图示	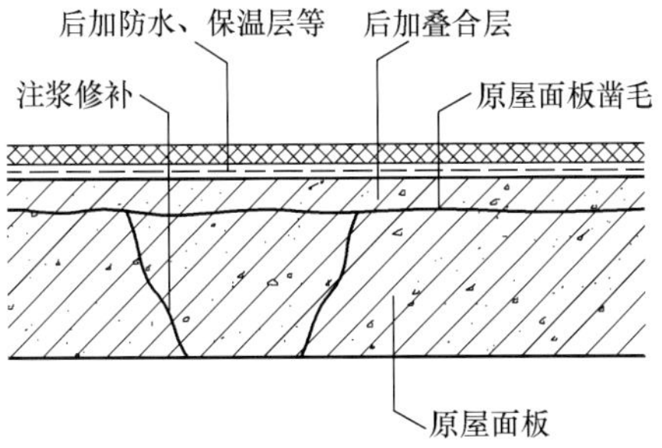后加防水、保温层等 后加叠合层 注浆修补 原屋面板凿毛 原屋面板 图 7-6

7.7 屋面板温度变化及混凝土收缩裂缝的注浆法修补

质量常见问题	屋面板板面构造配筋不足，因温度变化及混凝土收缩产生多处裂缝
规范、标准相关规定	《深圳市建筑防水工程技术规范》SJG 19—2019 **4.2.1** 细部构造设计应符合下列规定： 1 细部构造设计应遵循多道设防、复合用材、连续密封、适应基面的原则； **4.3.1** 混凝土强度等级不宜低于 C25，板厚不宜小于 100mm，双层双向配筋间距不应大于 150mm
原因分析	1. 设计： 板面配筋偏小，有些未满足间距不大于 150mm 的要求。 2. 施工： （1）混凝土泵送坍落度偏大，混凝土强度等级偏低； （2）混凝土养护时间不足； （3）防水施工粗糙，未达要求； （4）防水选材不当，未达要求； （5）混凝土模板支撑时间不足，拆模过早； （6）在混凝土板上堆放重物。 3. 修补： 仅用注浆法只能修补较宽裂缝，而对不规则的细密裂缝，未能完全修补

防治措施及通用做法	1. 屋面板设计要满足规范要求，板面配筋要双层双向，间距不得大于150mm；若设计配筋偏小，注浆前首先应加强板面配筋； 2. 泵送混凝土时要控制坍落度，必须保证混凝土的设计强度等级，注意混凝土养护； 3. 防水层施工必须做到按防水规范要求，精心选材，精心施工； 4. 对出现的收缩温度裂缝，除了用注浆方法修补外，还应结合“表面封闭法”等修补； 5. 可在混凝土结构板上涂刷渗透结晶型防水涂料
参考图示	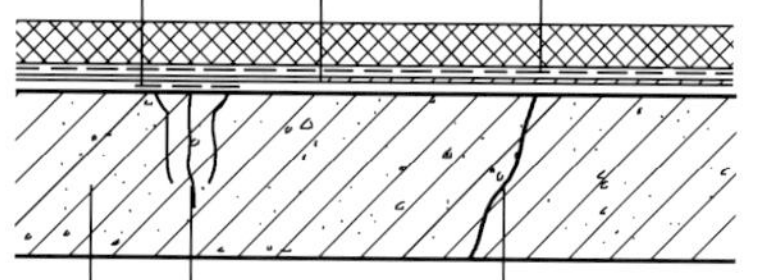 板面用适宜的方式加强 （如粘钢法、粘纤维法等） 用表面封闭法修补裂缝 后加防水、保温层等 屋面板 多条细密裂缝 用注浆法修补裂缝 图 7-7

7.8 注浆易产生的质量问题及其预防

质量常见问题	1. 注浆异常：注浆压力升高、崩管、跑浆； 2. 注浆效果差：砂浆沉淀、跑浆、效果差； 3. 注浆孔布置不合理：注浆孔位置、数量及埋深设置不合理，堵水效果差； 4. 识别注浆孔是否为有效注浆孔、无效注浆孔； 5. 水性与油性聚氨酯灌浆液按 2：1 或 3：1 混合使用
规范、标准相关规定	《地下工程渗漏治理技术规程》JGJ/T 212—2010 **1.0.3** 地下工程渗漏治理的设计和施工应遵循“以堵为主，堵排结合，因地制宜，多道设防，综合治理”的原则。 **3.3.1** 渗漏治理所选用的材料应符合下列规定： 1 材料的施工应适应现场环境条件； 3 材料应满足工程的特定使用功能要求。 **3.4.10** 注浆止水施工应符合下列规定： 8 注浆过程中发生漏浆时，宜根据具体情况采用降低注浆压力、减小流量和调整配比等措施进行处理，必要时可停止注浆

原因分析	1. 注浆异常： 注浆工艺不规范，注浆材料、设备不合格。 2. 注浆效果差： （1）注浆前准备不充分； （2）注浆时随意停泵； （3）注浆顺序不规范； （4）注浆压力控制不当。 3. 注浆孔布置不合理： 注浆施工未按原则进行
防治措施及通用做法	1. 钻孔注浆前，应使用钢筋检测仪确定设计钻孔位置的钢筋分布情况，钻孔时应避开钢筋； 2. 注浆孔位置的选择应使注浆孔的底部与漏水缝隙相交，选在漏水量最大的部位，以使导水性好。一般情况下，水平裂缝宜沿缝下向上打斜孔；垂直裂缝宜正对缝隙打直孔； 3. 注浆孔的深度不应穿透结构物（地下变形缝后背注浆除外），应留10～20cm 长度的安全距离；双层结构以穿透内壁为宜； 4. 注浆是一项连续作业，不得任意停泵，以防砂浆沉淀，堵塞管道，影响注浆效果； 5. 注浆压力依据裂缝宽度、深度和浆液的黏度而定，较粗的缝（0.5mm 以上）宜用 0.2～0.3MPa 的压力，较细的缝宜用 0.3～0.5MPa 的压力，或根据现场实际情况灵活调整； 6. 注浆时，如发现从施工缝、混凝土裂缝、料石或砖的砌缝少量跑浆，可以采用速凝材料勾缝堵漏后继续注浆，当冒浆或跑浆严重时，应关泵停压，待两三天后进行第二次注浆； 7. 当注浆压力稳定上升，达到设计压力，稳定一段时间，不进浆或进浆量很少时，即可停止注浆，进行封孔作业
参考图示	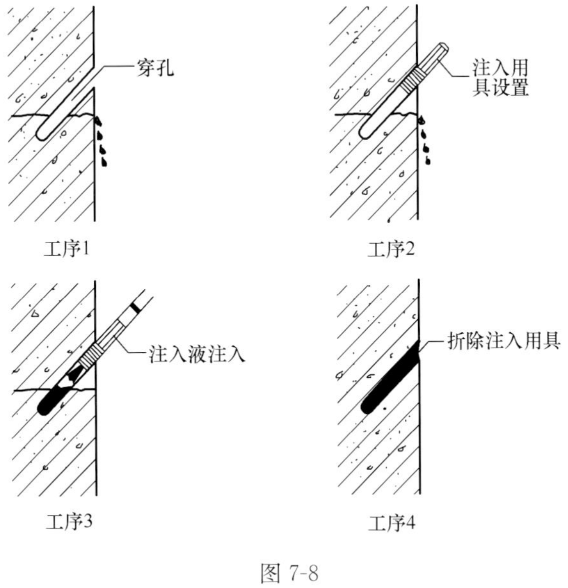穿孔 工序1 注入用具设置 工序2 注入液注入 工序3 折除注入用具 工序4 图 7-8

第八章 防 水 修 缮 工 程

8.1 混凝土屋面渗漏修缮工程

质量常见问题	1. 穿屋面板管道渗漏修缮； 2. 屋面女儿墙根部渗漏修缮； 3. 排烟孔渗漏修缮
现场勘查	采用热像仪和综合测试仪对穿屋面板管道、屋面女儿墙根部及排烟存在潮湿或积水、裂缝深度进行勘查。对某些部位可确定渗漏的区域范围，摸清渗漏的深度与走向
修缮材料的选用	1. 堵漏宝/堵漏王/快速堵漏王材料； 2. 非固化沥青防水涂料； 3. SBS卷材类/高分子卷材； 4. 聚氨酯防水涂料类
修缮质量控制重点	1. 穿屋面板管道部位渗漏： 凿除穿屋面板管道渗漏部位缺陷、裂缝结构，基层清理，穿屋面板管道四周凿20mm×20mm的V形槽，填嵌密封材料，铺附加增强层。 2. 屋面女儿墙根部渗漏： 找平层、刚性防水层等施工时留分格缝，嵌填柔性密封胶；女儿墙等根部阴角做圆弧，涂刷非固化沥青防水材料，铺卷材防水层（SBS卷材类/高分子卷材类）按规定做缓冲层，卷材端边的收于槽内（女儿墙高度大于800mm），钉牢后用水泥砂浆或密封材料将凹槽嵌填严实。女儿墙高度低于800mm时，卷材端头直接铺贴到女儿墙顶面。 3. 排烟孔渗漏： （1）烟道墙墙根阴角部位凿3cm×3cm的V形槽，用堵漏王塞实抹平做圆弧，基面找平；非固化沥青防水材料，铺设SBS卷材类（高分子卷材类），基面刻断水槽，卷材收口于槽内，密封胶密封，堵漏王抹平。 （2）排烟孔四周墙根周围涂刷一道涂膜，附加层内加无纺布，待干到不粘手时，整体涂刷聚氨酯防水材料。整体涂刷要分层进行，每层涂膜厚度要均匀，涂刷方向要一致，不得漏涂。相邻两层涂膜涂刷方向应相互垂直，时间间隔根据环境温度和涂膜固化程度控制。涂刷涂膜时厚度要均匀一致，不宜太厚，前后两次涂刷方向应相互垂直，总厚度必须符合设计要求

参考图示

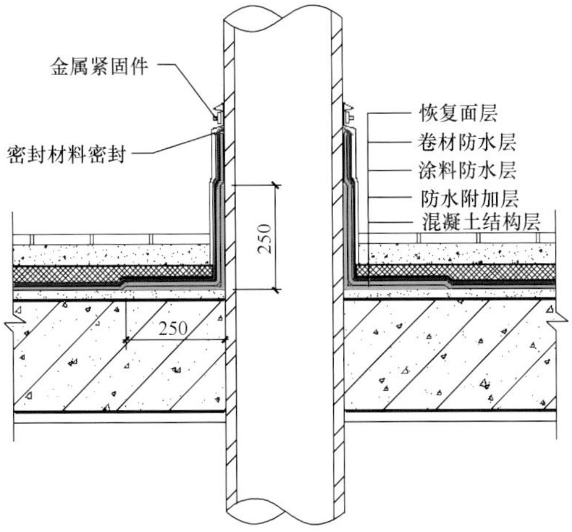
金属紧固件
密封材料密封
恢复面层
卷材防水层
涂料防水层
防水附加层
混凝土结构层
250
250

图 8-1　出屋面管道防水做法

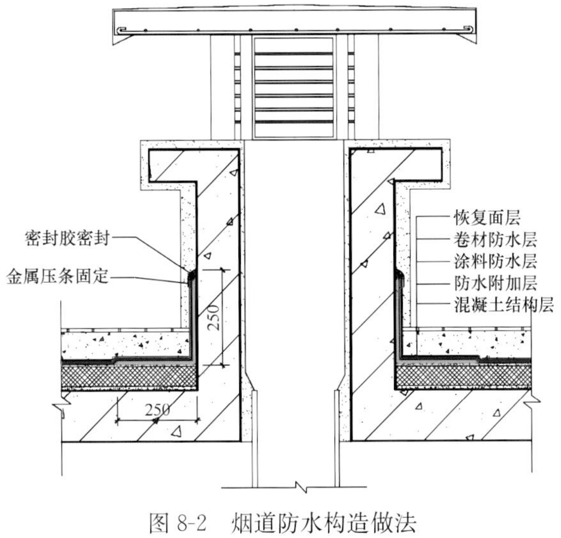
密封胶密封
金属压条固定
恢复面层
卷材防水层
涂料防水层
防水附加层
混凝土结构层
250
250

图 8-2　烟道防水构造做法

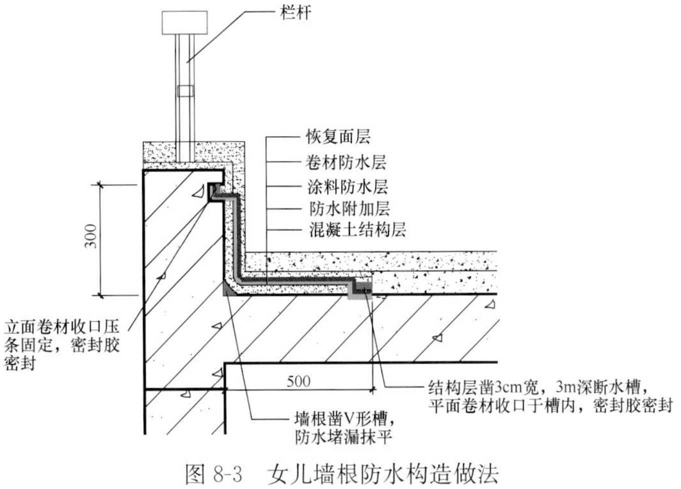
栏杆
恢复面层
卷材防水层
涂料防水层
防水附加层
混凝土结构层
300
立面卷材收口压条固定，密封胶密封
500
结构层凿3cm宽，3m深断水槽，平面卷材收口于槽内，密封胶密封
墙根凿V形槽，防水堵漏抹平

图 8-3　女儿墙根防水构造做法

8.2 坡屋面渗漏修缮

质量常见问题	坡屋面一般天沟、阴阳角、屋脊、烟道泛水处等部位易出现渗漏现象
现场勘查	采用热像仪和综合测试仪对天沟、阴阳角、屋脊、烟道泛水处等部位存在潮湿或积水、裂缝深度进行勘查。对某些部位可确定渗漏的区域范围，摸清渗漏的深度与走向
修缮材料的选用	1. 堵漏宝/堵漏王/快速堵漏王材料； 2. 聚氨酯防水涂料类； 3. 聚合物水泥基防水材料； 4. 丙烯酸高弹防水材料； 5. 聚氨酯灌浆材料/丙烯酸盐灌浆材料/改性环氧灌浆材料； 6. 渗透结晶型材料
修缮质量控制重点	1. 天沟维修： （1）拆除原 GRC 线条，铲除天沟部位的砂浆层、原防水层等构造层至结构层，瓦面部位拆除 300mm 宽的瓦片、保温层等构造至结构层，收头部位凿凹槽； （2）原 GRC 线条部位粘结 EPS 板，保温钉固定； （3）阴角部位用防水涂料做加强处理，内设网格布，宽度为 300mm； （4）涂刷聚合物水泥防水涂料＋聚氨酯防水涂料； （5）批抹聚合物水泥砂浆保护层； （6）EPS 板面施工 20mm 厚成品砂浆（内设粗网格布），再涂刷外墙腻子（内加细网格布）及外墙涂料； （7）复原坡屋面的构造层和瓦片。 2. 烟道、采光窗维修： （1）拆除烟道四周上下各 300mm 范围内的瓦片、保温层等构造层至结构层； （2）基层清理及找平； （3）阴角部位用防水涂料做加强处理，内设网格布，宽度为 300mm； （4）涂刷聚合物水泥防水涂料＋聚氨酯防水涂料； （5）批抹聚合物水泥砂浆保护层； （6）复原坡屋面的构造层和瓦片； （7）施工屋面高弹厚质丙烯酸防水涂料，内设无纺布。 3. 屋脊维修： （1）拆除屋脊两边各 300mm 范围内的瓦片、保温层等构造层至结构层；

<table>
<tr>
<td>修缮质量
控制重点</td>
<td>（2）基层清理及找平；
（3）阴阳角部位用防水涂料做加强处理，内设网格布，宽度为 300mm；
（4）涂刷聚合物水泥防水涂料＋聚氨酯防水涂料；
（5）批抹聚合物水泥砂浆保护层；
（6）复原坡屋面的构造层和瓦片；
（7）施工屋面高弹厚质丙烯酸防水涂料，内设无纺布。
4. 结构裂缝背水面注浆施工：
（1）确定渗漏区域；铲除顶棚漏水部位表层，清理裂缝；凿 V 形槽（宽约 50mm，深 30～50mm）；布孔；钻孔（确定孔深、间距）；装置止水针头；高压灌浆（聚氨酯灌浆材料/丙烯酸盐灌浆材料/改性环氧灌浆材料）；待浆液凝固后（不低于 6h）拆除止水针头；清除溢出缝外的止漏剂；注浆嘴拆除，堵漏灵封堵抹平，裂缝表面及周边涂聚合物水泥防水材料；
（2）混凝土结构层渗漏：用刷子或橡皮刮板将渗透结晶型材料均匀涂刷于基面上，待第一遍表干后再涂刷第二遍，涂刷方向与第一遍互相垂直，第三遍涂刷方向与第一遍相同，重复涂刷以便达到设计厚度</td>
</tr>
<tr>
<td>参考图示</td>
<td>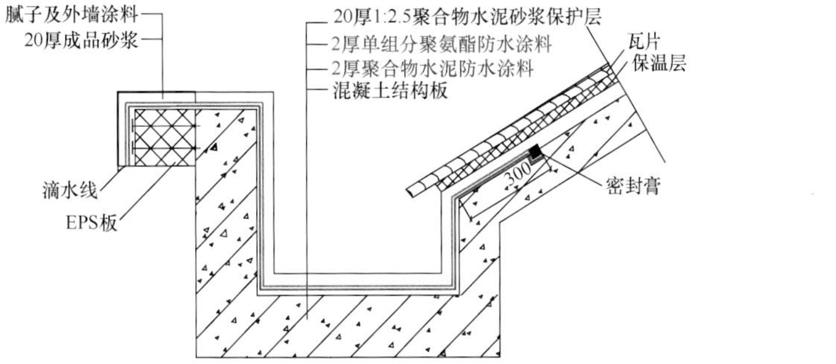
腻子及外墙涂料
20厚成品砂浆
20厚1:2.5聚合物水泥砂浆保护层
2厚单组分聚氨酯防水涂料
2厚聚合物水泥防水涂料
混凝土结构板
瓦片
保温层
300
密封膏
滴水线
EPS板
图 8-4　天沟防水构造图
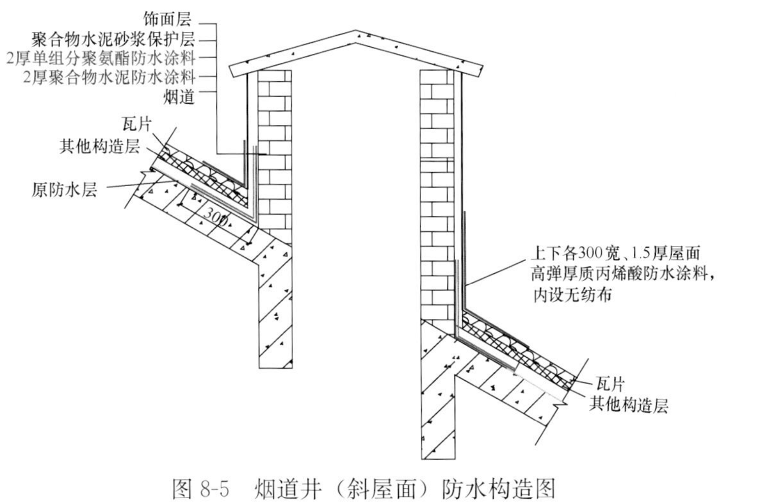
饰面层
聚合物水泥砂浆保护层
2厚单组分聚氨酯防水涂料
2厚聚合物水泥防水涂料
烟道
瓦片
其他构造层
原防水层
300
上下各300宽、1.5厚屋面
高弹厚质丙烯酸防水涂料，
内设无纺布
瓦片
其他构造层
图 8-5　烟道井（斜屋面）防水构造图</td>
</tr>
</table>

参考图示	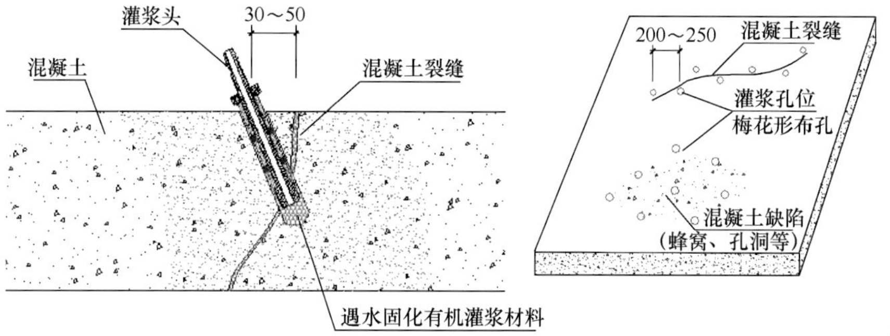灌浆头 30～50 混凝土 混凝土裂缝 遇水固化有机灌浆材料 200～250 混凝土裂缝 灌浆孔位 梅花形布孔 混凝土缺陷 （蜂窝、孔洞等） 图 8-6　混凝土裂缝、缺陷灌浆堵漏平面布孔示意图

8.3　金属屋面整体防水修缮工程

质量常见问题	金属屋面彩钢板拼缝部位、屋脊、凸出屋面排风口、天沟等多个部位不规则渗漏
现场勘查	金属屋面一般需在雨天才能看到明显的漏水部位，所以下雨时是最佳勘查现场时机。重点勘查部位是屋面螺钉和紧固件处、彩钢板（含采光棚）搭接处、屋脊及天沟部位、排风口等薄弱部位。对于双层彩钢板屋面，还可能存在板间有沿坡面向下流通水的情况，所以屋面上层板的进水部位并不一定对应下层板的渗漏部位，查找渗漏点时，可以辅助以红外热像仪查找渗漏区域
修缮材料的选用	1. 1.5mm 厚增强型 TPO 防水卷材； 2. 0.8mm 厚维修专用 TPO 防水卷材； 3. 1.5mm 厚外露型丙烯酸防水涂料
修缮质量控制重点	1. 1.5mm 厚增强型 TPO 防水卷材施工： （1）铺设 TPO 卷材屋面系统的压型钢板，必须与主体结构有可靠的连接，能够承受屋面风揭荷载的作用。压型钢板间的连接要平顺、连续，不得有任何尖锐突出物，以免刺穿、割伤隔汽层及防水卷材。压型钢板屋面节点做法符合设计及相关国家规范的要求。在铺放防水卷材以前，清除基层上的碎屑和异物。

修缮质量控制重点	（2）在经验收合格的基层上铺设 PE 膜隔汽层，注意铺设时保持顺直。相邻 PE 膜搭接 10cm，搭接缝采用 10mm×1mm 丁基胶带粘结，并用压辊压实，避免出现气泡。女儿墙立面、出屋面设备、管道应采用丁基胶带粘接封闭，确保隔绝室内空气，避免室内水汽进入保温层。 （3）保温板应采用机械固定安装，上下层保温板应错缝安装，避免形成通缝以影响保温效果。保温板铺设过程中注意搭接紧密、平整，岩棉安装与后续防水卷材施工应同步进行，防止沾水受潮。 （4）采用压型钢板基层时，防水卷材的铺设方向应与压型钢板波纹方向垂直，把自然疏松的卷材按轮廓布置在基层上，平整、顺直，不得扭曲，卷材长边搭接宽度为 80mm，卷材短边搭接 150mm，根据现场情况及风荷载计算确定紧固件的固定方式，安装时注意固定件应确保顺直，螺钉距离卷材边缘的距离为 30mm。 （5）使用自动热空气焊接机、爬行焊机或手持热空气焊接机以及硅酮辊，以热空气焊接 TPO 卷材。 （6）在天窗、变形缝以及直径大于 500mm 的出屋面管道等处，均要求采用垫片或压条对防水卷材进行固定。 2. 0.8mm 厚维修专用 TPO 防水卷材： （1）施工前对屋面板锈蚀严重部位进行打磨防腐处理，并将锈蚀部分全部清理干净。 （2）施工时首先要进行预铺，把自然疏松的卷材按轮廓布置在原屋面钢板上，平整顺直，不得扭曲，搭接宽度为 80mm，并进行适当的剪裁，以便保证长边搭接位置处于原压型钢板波谷内。 （3）在原屋面压型钢板表面涂刷胶粘剂。铺设防水卷材时卷材长边方向应与原屋面钢板长边方向平行，卷材长边搭接方向应根据当地年最大频率风向搭接。卷材在铺设展开后，应放置 15～30min，以充分释放卷材内部应力，避免在焊接时起皱。 （4）卷材长边采用搭接方式，搭接长度 80mm；短边采用对接方式处理，在上部用 150mm 均质型卷材覆盖焊接。 （5）使用自动热空气焊接机、手持热空气焊接机以及硅酮辊，以热空气焊接 TPO 卷材。TPO 防水卷材收口处应用专业收口压条、收口螺钉固定，通用密封胶密封。 （6）细部节点如屋脊、女儿墙天沟、水落口等部位用 1.2mm 厚均质型 TPO 防水卷材增强处理。 3. 1.5mm 厚外露型丙烯酸防水涂料： （1）施工前对屋面板锈蚀严重部位进行打磨处理，并将锈蚀部分全部清理干净并涂刷防锈漆。 （2）确保基面固件无松动、无油、无尘、无明水。

修缮质量控制重点	（3）应注意螺钉和紧固件处、彩钢板（含采光棚）搭接处等细部增强处理，一般会在防水涂料内部增设一层 200mm 宽的网格布以提高抗拉强度。 （4）涂料施工应在气温 5～35℃区间进行，并且避免雨天及五级以上的大风天施工。 （5）涂料施工应薄涂多遍，一般每遍厚度不大于 0.5mm，要确保成膜后的涂层不起泡、不起皱，否则需铲除重做
参考图示	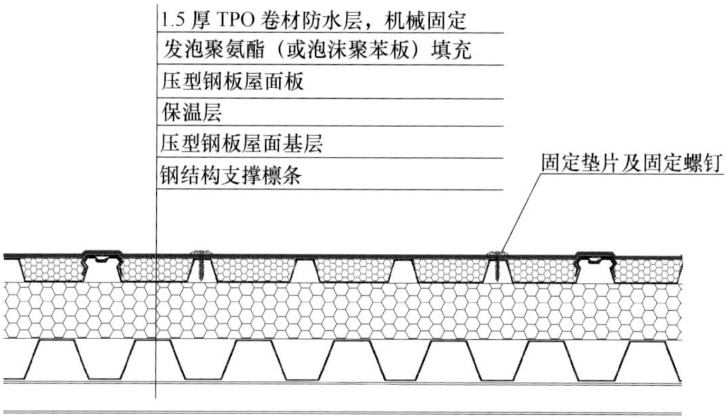 1.5 厚 TPO 卷材防水层，机械固定 发泡聚氨酯（或泡沫聚苯板）填充 压型钢板屋面板 保温层 压型钢板屋面基层 钢结构支撑檩条 固定垫片及固定螺钉 图 8-7　压型钢板轻钢屋面 TPO 卷材防水做法 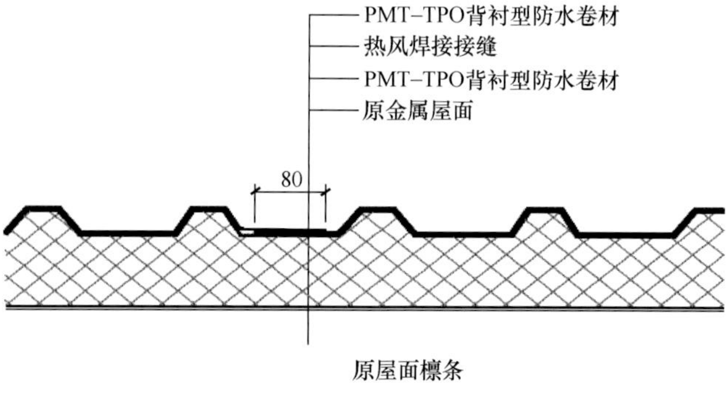 PMT-TPO背衬型防水卷材 热风焊接接缝 PMT-TPO背衬型防水卷材 原金属屋面 80 原屋面檩条 图 8-8　长边搭接

8.4 室内渗漏修缮工程

质量常见问题	1. 卫生间和管口修缮 2. 阳台等渗漏修缮
现场勘查	采用热像仪、裂缝测宽仪、裂缝深度仪对卫生间和管口、阳台等存在潮湿或积水情况及裂缝进行勘察，推知渗漏的区域范围
修缮材料的选用	1. 聚氨酯防水材料； 2. 聚合物水泥基防水材料； 3. 弹性聚氨酯类； 4. 丙烯酸高弹防水材料； 5. 速凝型无机防水堵漏材料（堵漏灵）； 6. 环氧树脂灌浆材料； 7. 环氧类防水材料/聚氨酯/聚脲类防水材料/有机硅树脂类防水材料； 8. 丙烯酸盐渗透类防水材料； 9. 聚氨酯灌浆材料/丙烯酸盐灌浆材料/改性环氧灌浆材料； 10. 渗透结晶型材料； 11. 三元乙丙防水卷材等
修缮质量控制重点	1. 卫生间和管口修缮： （1）卫生间墙根阴角 30mm×30mm 的 V 形槽，用堵漏灵抹平做圆弧处理。墙面涂刷聚合物水泥基防水材料（Ⅱ型）（防水高度为：洗手间淋浴房立面 1800mm，卫生间台盆给水区域立面 1000mm，其他立面 300mm）；地面防水涂料采用聚氨酯防水材料，修缮厚度不宜低于 2mm，且上翻立面 300mm；防水工程应先进行墙面防水，再进行地面防水。 （2）将管口周围嵌填密封材料，铂盾丙烯酸防水涂料三涂一布，涂刷至管口部位。 （3）采用三涂一布施工方法：上一道工序的管口四周基面清理，涂刷第一遍丙烯酸高弹防水基层涂料，铺设缝织聚酯布，涂刷第二遍 W101 丙烯酸高弹防水基层涂料（与第一遍涂刷方向垂直），涂刷一遍丙烯酸高弹防水面层涂料。 （4）瓷砖面：涂刷或打胶塞缝环氧类防水材料，聚氨酯、聚脲类防水材料，施工基面要求干燥；有机硅树脂类防水材料，可于潮湿面施工或瓷砖面。

修缮质量控制重点	（5）瓷砖与砂浆层之间的防水层：封堵地漏等设施，清理瓷砖缝；浸泡渗透液（采用丙烯酸盐渗透类防水材料，适用于明水或潮湿环境）；清除瓷砖表面的渗透液凝胶体。 （6）卫生间混凝土结构层上防水层的渗漏：确定渗漏区域；铲除卫生间顶板漏水部位表层，清理裂缝；凿 V 形槽，宽约 50mm、深 30～50mm；布孔；分所钻孔孔深、间距装置止水针头；高压灌浆（聚氨酯灌浆材料/丙烯酸盐灌浆材料/改性环氧灌浆材料）；待浆液凝固后（不低于 6h）拆除止水针头；清除溢出缝外的止漏剂；注浆咀拆除，堵漏灵封堵抹平，裂缝表面及周边涂聚合物水泥防水材料。 （7）混凝土结构层渗漏：用刷子或橡皮刮板将渗透结晶型材料均匀涂刷于基面上，待第一遍表干后再涂刷第二遍，涂刷方向与第一遍互相垂直，第三遍涂刷方向与第一遍相同，重复涂刷以便达到设计厚度。 2. 阳台等渗漏修缮： （1）找平，基层清理，基面洒水处理，细部节点处理（阴角、阳角部位）用速凝型无机防水堵漏材料（堵漏灵）封实，立面涂刷 150mm 以上的高度，做防水加强层处理。 （2）窗与墙体间的空隙，清理干，堵漏灵密封。 （3）阳台板面或踢部板面如因结构裂缝渗漏，沿裂缝凿 30mm×30mm 的 V 形槽，两端各超过原裂缝长 200mm 沿裂缝（渗点）部位钻孔、堵漏王埋设灌浆嘴，钻孔孔径 8mm，孔深 40～60mm（根据现场实际情况确定）。堵漏王封堵 V 形槽。注浆（先注聚氨酯灌浆材料，后注环氧树脂灌浆材料）。 （4）阳台管口修缮：将管口周围嵌填密封材料，铂盾丙烯酸防水涂料三涂一布，涂刷至管口部位（具体施工方法参考三涂一布具体施工方法）。 （5）阳台平开门下方墙体渗水：女儿墙墙根部位凿 30mm×30mm 的 V 形槽，堵漏灵塞实抹平做圆弧，基面水泥砂浆修补找平；非固化防水材料＋三元乙丙防水卷材，基面刻槽，卷材收口于槽内，密封胶密封，堵漏灵抹平；恢复阳台保护层、地砖及墙面干挂大理石。 （6）室内（门）与阳台（基面）存在高差：反坎下方缝隙用密封胶塞缝，堵漏灵抹平做圆弧处理。 （7）室内（门）与阳台（基面）无高差：混凝土浇筑反坎，反坎下方缝隙用密封胶塞缝

参考图示	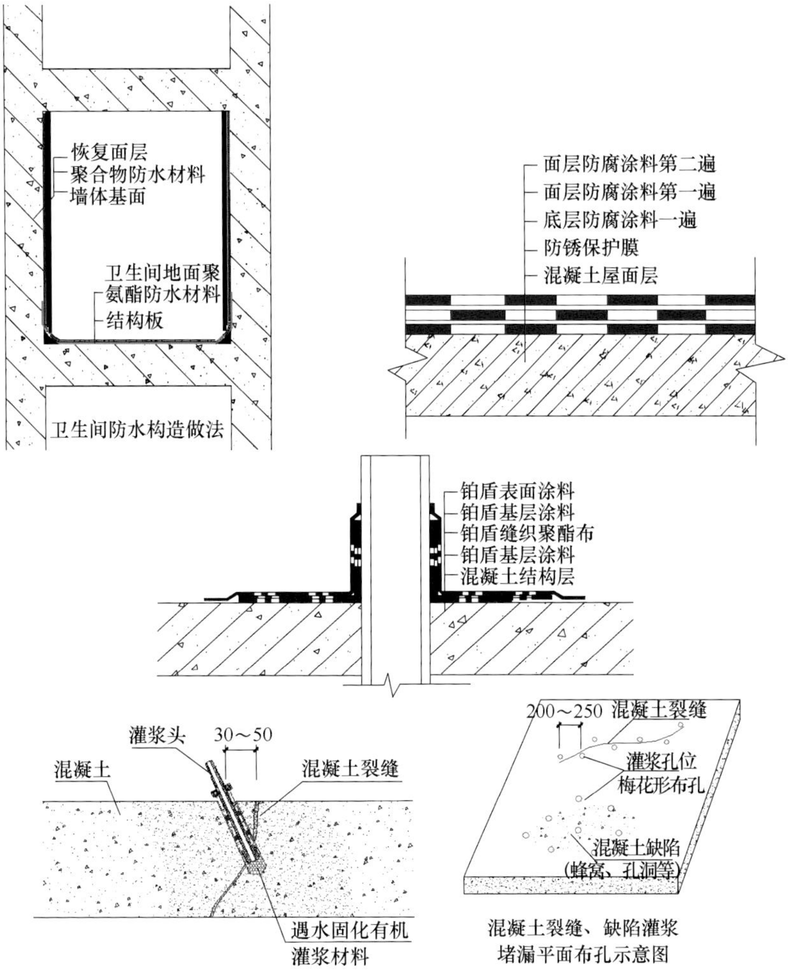恢复面层 聚合物防水材料 墙体基面 卫生间地面聚氨酯防水材料 结构板 卫生间防水构造做法 面层防腐涂料第二遍 面层防腐涂料第一遍 底层防腐涂料一遍 防锈保护膜 混凝土屋面层 铂盾表面涂料 铂盾基层涂料 铂盾缝织聚酯布 铂盾基层涂料 混凝土结构层 灌浆头 30～50 混凝土 混凝土裂缝 遇水固化有机灌浆材料 200～250 混凝土裂缝 灌浆孔位 梅花形布孔 混凝土缺陷 (蜂窝、孔洞等) 混凝土裂缝、缺陷灌浆堵漏平面布孔示意图 图 8-9

8.5 外墙渗漏修缮工程

质量常见问题	室内墙面、窗边等部位不规则渗漏
规范、标准相关规定	《房屋渗漏修缮技术规范》JGJ/T 53—2011 **5.2.5** 外墙渗漏修缮查勘应包括下列内容： 1 清水墙灰缝、裂缝、孔洞等； 2 抹灰墙面裂缝、空鼓、风化、剥落、酥松等； 3 面砖与板材墙面接缝、开裂、空鼓等；

规范、标准相关规定	4　预制混凝土墙板接缝、开裂、风化、剥落、酥松等； 5　外墙变形缝、外装饰分格缝、穿墙管道根部、阳台、空调板及雨篷根部、门窗框周边、女儿墙根部、预埋件或挂件根部、混凝土结构与填充墙结合处等节点部位
现场勘查	对于渗漏部位的勘查，可根据室内的漏水痕迹，在室外采用无人机携带红外热像仪或采电吊篮到外墙勘查的方法，以确定渗漏水源和渗漏区域。需注意的是，无论是渗漏点勘查还是后期维修施工，由于是在外墙作业，涉及地面人员的安全问题，所以均需在地面 5m 和 $H/6$（H 为建筑物高度）范围内进行围拦并作施工警示
修缮材料的选用	1. 聚合物水泥防水涂料； 2. 聚合物水泥防水砂浆； 3. 聚合物改性水泥基防水灰浆； 4. 丙烯酸防水涂料； 5. 外墙有机硅防水涂料； 6. 堵漏宝（注明材料的规范名称）
修缮质量控制重点	1. 外墙裂缝 1）高空作业，需对地面下方进行围拦和警示，安装电动吊篮进行作业。 2）沿裂缝左右 300mm 宽铲除外墙基面以上层次，清理基面干净。 3）查找裂缝，开凿 30mm 宽×20mm 深的 V 形凹槽，并采用堵漏宝封堵，埋置灌浆管，采用聚合物超细水泥净浆灌注裂缝，拆除注浆嘴，用堵漏宝密封处理。 4）涂刷 2mm 厚聚合物改性水泥基防水灰浆。 5）批抹 20mm 厚聚合物水泥砂浆，砂浆内挂钢丝网。 6）恢复外墙饰面。 2. 外墙空鼓 1）高空作业，需对地面下方进行围拦，安装电动吊篮进行作业。 2）采用手提切割机切割空鼓部位，范围外扩 300mm，清理基面。 3）涂刷 2mm 厚聚合物改性水泥基防水灰浆＋1.5mm 厚聚合物水泥防水涂料。 4）外墙批抹 20mm 厚聚合物抗裂砂浆（掺聚丙烯纤维，如空鼓超过 $1m^2$ 时应另挂设钢网）。

修缮质量控制重点	5）饰面层恢复：（采用瓷砖粘结胶）粘贴饰面砖，并采用瓷砖填缝剂填缝。 6）饰面层基层的防水层不得采用柔性防水材料，可采用益胶泥等刚性防水材料。 3. 窗户渗漏 除了传统的全部外墙窗边开凿并重做防水的工艺，在此介绍一种简易的注浆维修工艺。 1）高空作业，需对地面下方进行围拦，安装电动吊篮进行作业。 2）室内处钻孔并埋设灌浆嘴，封孔后进行压力灌注聚合物水泥浆液。（室内外）检查窗框接缝处密封不实的密封胶，将该胶条整体切除并更换。 3）（室外）窗框四周 300mm 范围内的外墙，进行基面打磨处理，清除表面的油污、浮尘等杂物，并使用专业清洁剂清洗干净，用专用外墙填缝剂对砖缝重新进行勾缝处理。 4）整体涂刷两遍高效外墙有机硅防水涂料。 4. 空调板及雨篷 1）高空作业，需对地面下方进行围拦，安装电动吊篮进行作业。 2）阴角 300mm×300mm 范围内打凿各构造层至坚实结构面。 3）用防水砂浆行局部找平处理，并在阴角部位抹圆弧处理。 4）整体涂刷 2mm 厚聚合物改性水泥基防水灰浆，内嵌一层网格布加强处理。 5）整体批抹 20mm 厚水泥砂浆保护层。 6）铺贴墙面饰面砖，并用专用填缝剂填缝
参考图示	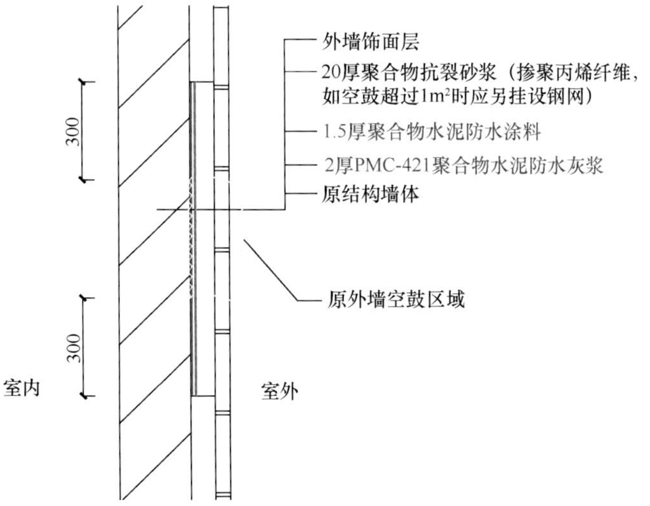外墙饰面层 20厚聚合物抗裂砂浆（掺聚丙烯纤维，如空鼓超过1m²时应另挂设钢网） 1.5厚聚合物水泥防水涂料 2厚PMC-421聚合物水泥防水灰浆 原结构墙体 原外墙空鼓区域 300 300 室内 室外 图 8-10　外墙空鼓维修示意图

参考图示

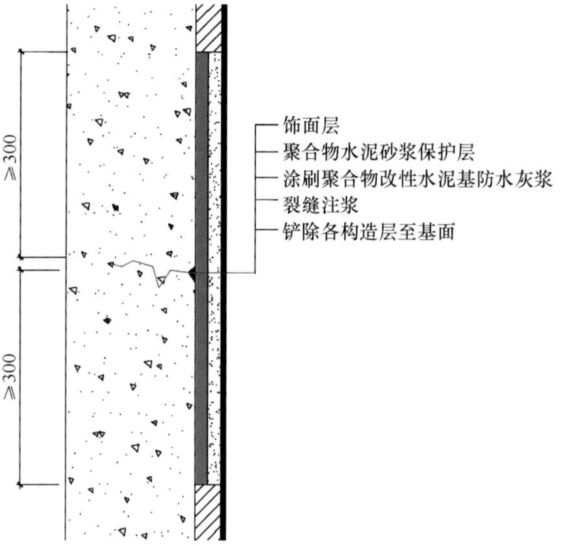
≥300
≥300
饰面层
聚合物水泥砂浆保护层
涂刷聚合物改性水泥基防水灰浆
裂缝注浆
铲除各构造层至基面

图 8-11　外墙渗漏维修示意图

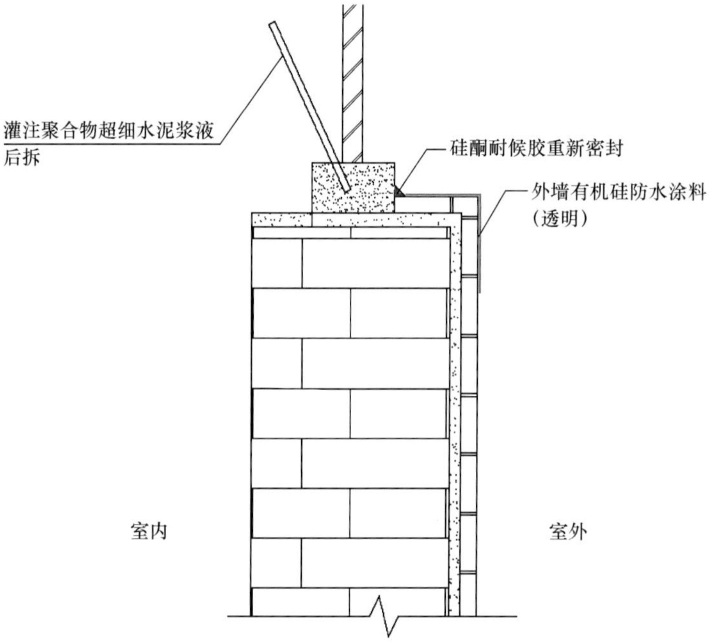
灌注聚合物超细水泥浆液
后拆
硅酮耐候胶重新密封
外墙有机硅防水涂料
(透明)
室内
室外

图 8-12　窗户防水维修详图

8.6 地下室渗漏修缮工程

质量常见问题	1. 地下室防水失效渗漏； 2. 筏底混凝土结构疏松的大面积渗漏； 3. 墙体渗漏； 4. 后浇带渗漏
现场勘查	1. 采用混凝土定位和锈蚀测试机、混凝土超声波检测仪、结构透视仪、裂缝测宽仪、裂缝深度仪、读数显微镜对蜂窝麻面、施工缝、伸缩缝、墙体、后浇带进行勘查。 2. 勘查渗漏范围。 3. 筏底、墙体壁后空鼓抽芯调查
修缮材料的选用	1. 高渗透改性环氧树脂灌浆材料（水下固化）； 2. 速凝型无机防水堵漏材料； 3. 超细水泥浆一改性水玻璃化学浆灌浆材料； 4. 丙烯酸盐灌浆材料等
修缮质量控制重点	1. 筏底（壁后）灌浆前地质情况调查，分析结构或基础隐患，依据岩土层的颗粒级配、含水量、密度、孔隙比、渗透性、强度、压缩性、承载力等指标，设计灌浆孔、灌浆量。 2. 筏底（壁后）整体化学灌浆堵漏。对透水、涌水、漏水等水压大的地下室利用浆液将筏底周围土体中通过渗透、充填、压密扩展形成复合抗渗固结体，充填结构间隙，提高软质土层结构强度，改变持力层力学强度、抗变形能力和土体的均一性，使土体压密和置换，形成复合地基，填充筏底持力层间隙，充填形成不渗透水的复合固结体，达到控制结构筏底渗漏水的要求。 3. 筏底灌浆后渗流量变小或渗流量小的渗漏，沿渗漏部位或裂缝使用开槽机开深 20mm、宽 30mm 的凹形槽或打凿深 20mm、宽 30mm 的 V 形槽，清理干净槽内杂物，凹形槽、V 形槽采用速凝型无机防水堵漏材料（堵漏灵）封缝、埋设注浆管，采用丙烯酸盐或高渗透改性环氧树脂浆灌浆材料堵漏。 4. 潮湿基面，将基面清理干净，直接采用速凝型无机防水堵漏材料（堵漏灵）扇灰封堵。 5. 质量验收，根据《地下工程渗漏治理技术规程》JGJ/T 212—2010 检查观察原渗流部位、渗漏点，呈现了大面积整体和细部节点密封，无渗漏，或抽芯检测及超声波检测筏底密实度，达到 95%以上时，筏底整体密封及裂缝灌浆堵漏满足设计要求

参考图示	 图 8-13　地下室渗漏 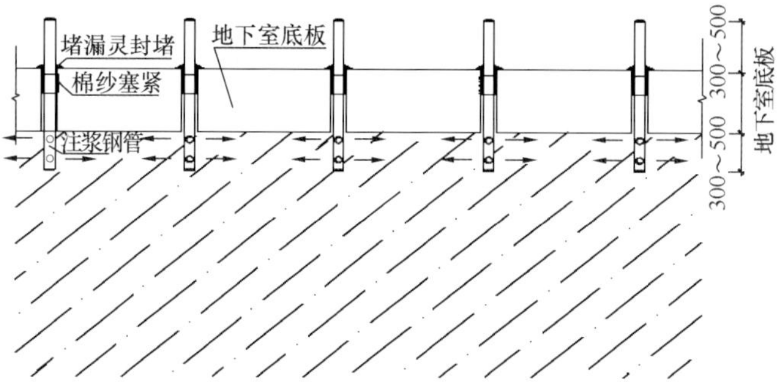 堵漏灵封堵 地下室底板 棉纱塞紧 注浆钢管 300～500 300～500 300～500 地下室底板 图 8-14　灌浆示意图 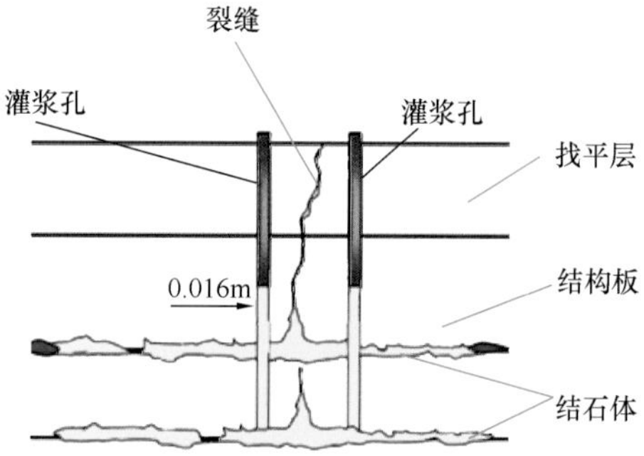 裂缝 灌浆孔 灌浆孔 找平层 0.016m 结构板 结石体 图 8-15　壁后灌浆示意图 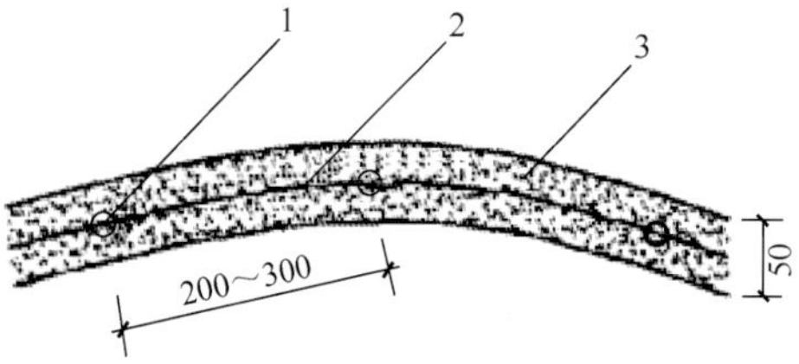 1 2 3 200～300 50 图 8-16　贴嘴注浆布孔 1—注浆嘴；2—裂缝；3—封缝材料

8.7 地铁、隧道、管廊渗漏修缮工程

质量常见问题	1. 隧道、管廊渗漏； 2. 伸缩缝渗漏； 3. 墙体渗漏； 4. 盾构管片破损渗漏； 5. 管片错位渗漏
现场勘查	1. 采用混凝土定位和锈蚀测试机、混凝土超声波检测仪 、结构透视仪、裂缝测宽仪、裂缝深度仪、读数显微镜对隧道裂缝、蜂窝麻面、施工缝、伸缩缝、墙体、洞门；进行勘查，对某些重要部位上的裂缝，必要时进行钻孔取样和压水，以摸清其深度和走向，有条件时可用钻孔摄影、钻孔电视等方法检查。 2. 勘查盾构管片破损裂缝、拼装缝、错位、吊装孔
修缮材料的选用	1. 高渗透改性环氧树脂灌浆材料（水下固化）； 2. 速凝型无机防水堵漏材料（堵漏灵）； 3. 超细水泥浆-改性水玻璃化学浆灌浆材料 ； 4. 丙烯酸盐灌浆材料； 5. 木质素类灌浆材料； 6. 甲基丙烯酸酯类材料； 7. 弹性聚氨酯类等
修缮质量控制重点	1. 结构裂缝、施工缝、冷缝、断裂缝、孔洞、孔涌等，渗流量小的采用针孔法注浆堵漏；渗流量大的，使用开槽机沿裂缝、空洞开深 20mm、宽 30mm 的凹形槽或打凿深 20mm、宽 30mm 的 V 形槽，清理干净槽内杂物，凹形槽、V 形槽上用速凝型无机防水堵漏材料（堵漏灵）封缝、埋设注浆管，用高压水向灌浆嘴内注水，将缝内粉尘清洗干净，观察封缝效果和浆液通道质量，做压水试验，使用高压灌浆机向灌浆孔内灌注超细水泥化学浆或高渗透环氧树脂灌浆材料，立面灌浆顺序为由下向上；平面可从一端开始，单孔逐一连续进行。当相邻孔开始出浆后，保持压力 3～5min，即可停止本孔灌浆，改注相邻灌浆孔。经检查各孔无渗水现象时，即用环氧胶泥等防水材料将灌浆口的修补、孔口补平抹光。 2. 诱导缝渗漏治理，沿缝两侧交错布孔、埋管，堵漏灵封缝，灌注超细水泥化学浆或高渗透环氧树脂灌浆材料堵漏，在变形缝内两侧面涂刷改性环氧树脂界面剂，压入止水条并嵌入单组分聚氨酯嵌缝膏封缝。

修缮质量控制重点	3. 伸缩缝、变形缝渗漏治理，沿缝两侧交错布孔、埋管，堵漏灵封管(具体工艺参照 1 开槽施工方法，开进深度约为 80～90mm，宽度为原槽口凿至新界面即可)，预留嵌缝胶嵌填位置空间约 20～30mm 深，灌注丙烯酸盐弹性灌浆材料堵漏，经堵漏不再渗漏水后在变形缝内凹槽两侧面涂刷改性环氧树脂界面剂，待界面剂固化后在凹槽内压入遇水膨胀止水条，并嵌填单组分聚氨酯嵌缝膏封缝刮平。 4. 湿渍型渗漏治理，凿除渗漏部位缺陷、裂缝、蜂窝麻面结构、清理浮浆，用批抹速凝型无机防水堵漏材料（堵漏灵）或批抹改性环氧砂浆封闭，预留注浆孔，注浆堵漏。 5. 盾构管片渗漏治理，在管片渗漏水部位，用孔径 $\phi10$ 钻头沿缝钻孔，孔深 10～20cm，以从表面到内侧的止水条位置为准，严禁钻过止水条，以防破坏管片整体的防水效果，安装灌浆嘴，用速凝型无机防水堵漏材料（堵漏灵）封缝，用压力水冲洗截水孔后，冲净孔内的泥屑及缝内的污浊物，以确保嵌缝和灌浆的质量，注浆堵漏。 6. 降水井涌水封堵，预埋引水管，抽水，灌注细石混凝土、待细石混凝土凝固后，灌注超细水泥化学浆或高渗透环氧树脂灌浆材料堵水，去掉引水管，焊接钢板，用超强混凝土进行灌注封堵。 7. 洞门、联络通道与隧道管片连接部位渗漏水治理，在这些部位，往往因为混凝土浇筑不密实，新老混凝土界面处理措施不当等原因造成渗漏。治理的施工是根据渗漏的大小，酌情埋管，采用电动注浆泵壁后注浆，洞门渗漏较大时，应在洞门的五环管片，由远至近依次设置灌浆孔用超细水泥一化学浆进行壁后注浆，加固壁后侧壁，再对洞门渗漏部位压注超细水泥-化学浆或高渗透改性环氧树脂化学浆的办法治理
参考图示	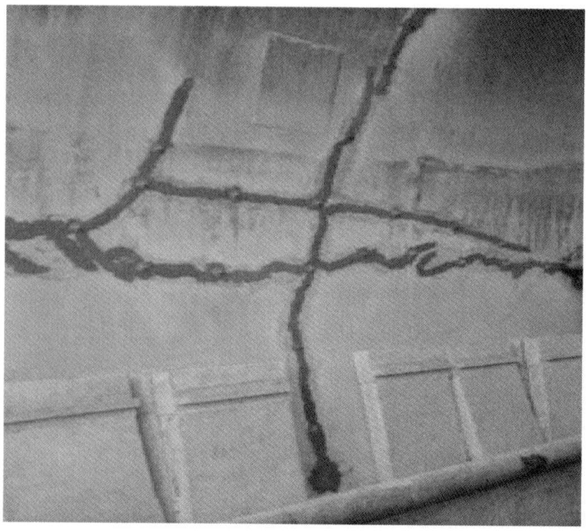 图 8-17　管片堵漏

参考图示	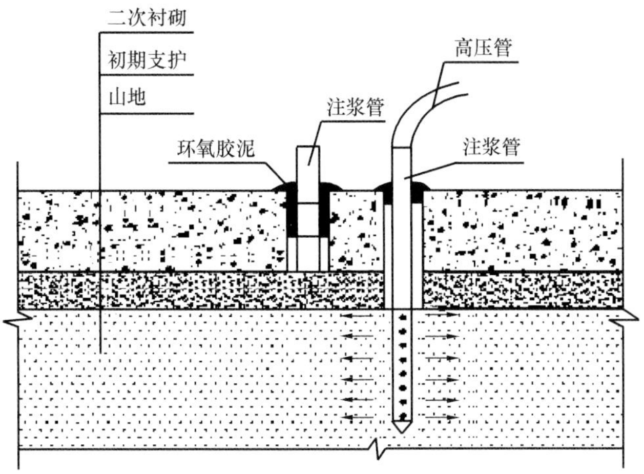 二次衬砌 初期支护 山地 高压管 注浆管 环氧胶泥 注浆管 图 8-18　注浆大样图

附　　录

附录A　防水工程相关标准一览表

1 《深圳市建设工程防水技术标准》SJG 19—2019
2 《深圳市非承重墙体与饰面工程施工及验收标准》SJG 14—2018
3 《地下工程防水技术规范》GB 50108—2008
4 《给水排水构筑物工程施工及验收规范》GB 50141—2008
5 《地铁设计规范》GB 50157—2013
6 《砌体结构工程施工质量验收规范》GB 50203—2011
7 《混凝土结构工程施工质量验收规范》GB 50204—2015
8 《屋面工程质量验收规范》GB 50207—2012
9 《地下防水工程质量验收规范》GB 50208—2011
10 《建筑装饰装修工程质量验收标准》GB 50210—2018
11 《给水排水管道工程施工及验收规范》GB 50268—2008
12 《建筑工程施工质量验收统一标准》GB 50300—2013
13 《屋面工程技术规范》GB 50345—2012
14 《硬泡聚氨酯保温防水工程技术规范》GB 50404—2017
15 《盾构法隧道施工及验收规范》GB 50446—2017
16 《混凝土结构工程施工规范》GB 50666—2011
18 《坡屋面工程技术规范》GB 50693—2011
18 《建设工程化学灌浆材料应用技术标准》GB/T 51320—2018
19 《城市桥梁工程施工与质量验收规范》CJJ 2—2008
20 《生活垃圾卫生填埋场防渗系统工程技术规范》CJJ 113—2007
21 《城市桥梁桥面防水工程技术规程》CJJ 139—2010
22 《水工建筑物水泥灌浆施工技术规范》DL/T 5148—2012
23 《土坝灌浆技术规范》DL/T 5238—2010
24 《水电水利工程化学灌浆技术规范》DL/T 5406—2019
25 《高层建筑混凝土结构技术规程》JGJ 3—2010
26 《房屋渗漏修缮技术规程》JGJ/T 53—2011
27 《建筑桩基技术规范》JGJ 94—2008
28 《玻璃幕墙工程技术规范》JGJ 102—2003
29 《玻璃幕墙工程质量检验标准》JGJ/T 139—2001
30 《种植屋面工程技术规程》JGJ 155—2013
31 《喷涂聚脲防水工程技术规程》JGJ/T 200—2010

32 《建筑工程水泥—水玻璃双液注浆技术规程》JGJ/T 211—2010
33 《地下工程渗漏治理技术规程》JGJ/T 212—2010
34 《铝合金门窗工程技术规范》JGJ 214—2010
35 《抹灰砂浆技术规程》JGJ/T 220—2010
36 《倒置式屋面工程技术规程》JGJ 230—2010
37 《建筑外墙防水工程技术规程》JGJ/T 235—2011
38 《混凝土基层喷浆处理技术规程》JGJ/T 238—2011
39 《住宅室内防水工程技术规范》JGJ 298—2013
40 《建筑防水工程现场检测技术规范》JGJ/T 299—2013
41 《混凝土裂缝修补灌浆材料技术条件》JG/T 333—2011
42 《广东省建筑防水工程技术规程》DBJ 15—19—2020
43 《聚硫、聚氨酯密封胶设计、施工及验收规程》CECS 217：2006
44 《丙烯酸盐喷膜防水工程应用技术规程》CECS 342：2013

附录 B　常用防水材料检录

单位名称及网址 \ 材料名称	高分子卷材类						改性沥青卷材类					
	聚乙烯(PVC)	热塑性聚烯(TPO)	聚乙烯丙纶复合	高分子自粘胶膜防水卷材	高分子防水板	聚乙烯 HDPE 防水板	SBS 弹性体改性沥青	自粘聚合物改性沥青	湿铺	预铺	改性沥青聚乙烯胎防水卷材	APP 塑性体改性沥青
北新建材 http://www.bnbm.com.cn/	●	●	●	●	●		●	●	●	●	●	
东方雨虹 http://www.yuhong.com.cn		●					●	●	●	●		
深圳新黑豹 www.hbheibao.com												
科顺股份 http://www.keshun.com.cn/	●	●					●	●	●	●		
深圳先泰 www.szxiantai.com												
蓝盾控股 http://www.landun.cn	●	●	●	●	●	●	●	●	●	●		●
深圳卓宝 www.zhuobao.com	●	●		●	●		●	●	●	●		●
深圳朗迈 http://www.lmgf98.com/		●				●	●	●	●	●		
耐克防水	施工单位											
台实 http://www.gztaishi.com.cn	●	●	●	●			●	●	●	●	●	●
深圳弘深 http://www.szhongshen.com			●				●	●	●	●		
北京圣洁 http://www.bj-shengjie.com/			●							●		
广东宏源 http://www.hongyuan.cn	●	●	●				●	●	●	●		
西牛皮 https://www.xnpfs.com/									●			
山东鑫达鲁鑫 http://www.luxin.com	●	●	●				●	●	●	●		
卓众之众 http://www.zzwfs.com/		●		●			●	●	●	●		
江苏凯伦 http://www.canlon.com.cn/	●	●		●	●		●	●	●	●		●
成都赛特 http://www.cdsaite.com/	●	●	●	●			●	●	●			
广东禹能 http://www.gdyuneng.com	●	●	●				●	●	●	●		
大禹九鼎 http://www.gz-dy.cn/	●	●		●	●		●	●	●	●		●
天其佳	施工单位											
福建华鸿 http://www.fjhuahong.com												
唐山德生 http://tsdsfs.myjianzhu.com/news/		●		●		●	●	●	●	●		●
广东青龙 http://www.qinglong.com.cn/		●					●	●	●	●		
大明防水 http://www.dynamicchina.com.cn	●			●		●	●	●	●	●		

续表

材料名称 \ 单位名称及网址		北新建材 http://www.bnbm.com.cn/	东方雨虹 http://www.yuhong.com.cn	深圳新黑豹 www.hbheibao.com	科顺股份 http://www.keshun.com.cn/	深圳先泰 www.szxiantai.com	蓝盾控股 http://www.landun.cn	深圳卓宝 www.zhuobao.com	深圳朗迈 http://www.lmgf98.com/	耐克防水	台实 http://www.gztaishi.com.cn	深圳弘深 http://www.szhongshen.com	北京圣洁 http://www.bj-shengjie.com/	广东宏源 http://www.hongyuan.cn	西牛皮 https://www.xnpfs.com/	山东鑫达鲁鑫 http://www.luxin.com	卓众之众 http://www.zzwfs.com/	江苏凯伦 http://www.canlon.com.cn/	成都赛特 http://www.cdsaite.com/	广东禹能 http://www.gdyuneng.com	大禹九鼎 http://www.gz-dy.cn/	天其佳	福建华鸿 http://www.fjhuahong.com	唐山德生 http://tsdsfs.myjianzhu.com/news/	广东青龙 http://www.qinglong.com.cn/	大明防水 http://www.dynamicchina.com.cn
耐根穿刺卷材类	高分子类(PVC、TPO、HDPE、防水板、聚乙烯丙纶、强力交叉膜)	●	●		●		●	●		施工单位	●		●	●		●	●	●	●	●	●	施工单位		●	●	
	沥青类	●	●		●		●	●	●		●			●		●	●	●		●	●			●	●	●
	聚氨酯	●	●		●		●	●	●		●	●	●	●		●	●	●	●	●	●			●	●	●
	聚合物水泥(JS)	●	●	●	●		●	●	●		●	●	●	●		●	●	●	●	●	●			●	●	●
防水涂料类	非固化橡胶沥青	●	●		●		●	●	●		●	●	●	●		●	●	●	●	●	●			●	●	●
	冷涂型非固化橡胶沥青						●														●			●		
	喷涂速凝橡胶沥青	●			●		●				●		●	●		●									●	
	水乳型沥青	●	●		●						●			●	●		●								●	●
	环氧树脂		●		●				●		●							●							●	
	热熔橡胶沥青防水涂料	●																						●		
	丙烯酸合成高分子防水涂料						●	●			●										●					
	高弹厚质丙烯酸防水涂料						●				●			●												●

续表

材料名称 \ 单位名称及网址		北新建材 http://www.bnbm.com.cn/	东方雨虹 http://www.yuhong.com.cn	深圳新黑豹 www.hbheibao.com	科顺股份 http://www.keshun.com.cn/	深圳先泰 www.szxiantai.com	蓝盾控股 http://www.landun.cn	深圳卓宝 www.zhuobao.com	深圳朗迈 http://www.lmgf98.com/	耐克防水	台实 http://www.gztaishi.com.cn	深圳弘深 http://www.szhongshen.com	北京圣洁 http://www.bj-shengjie.com/	广东宏源 http://www.hongyuan.cn	西牛皮 https://www.xnpfs.com/	山东鑫达鲁鑫 http://www.luxin.com	卓众之众 http://www.zzwfs.com/	江苏凯伦 http://www.canlon.com.cn/	成都赛特 http://www.cdsaite.com/	广东禹能 http://www.gdyuneng.com	大禹九鼎 http://www.gz-dy.cn/	天其佳	福建华鸿 http://www.fjhuahong.com	唐山德生 http://tsdsfs.myjianzhu.com/news/	广东青龙 http://www.qinglong.com.cn/	大明防水 http://www.dynamicchina.com.cn
刚性防水材料类	水泥基渗透结晶型防水涂料	●	●	●	●	●	●	●	●	施工单位	●	●	●	●	●	●	●	●	●	●	●	施工单位		●	●	●
	聚合物水泥防水砂浆	●	●	●	●		●	●			●	●	●			●	●	●		●	●			●	●	●
	聚合物水泥防水浆料	●	●	●	●		●				●	●		●		●			●	●			●		●	
	高分子益胶泥		●		●		●	●			●	●		●		●	●						●	●	●	
	无机防水堵漏	●	●	●	●	●	●	●						●			●			●	●			●	●	
	砂浆、缓凝土防水剂	●		●							●										●				●	
	水泥基渗透结晶型防水剂					●					●															
密封材料类	密封胶	●		●							●						●								●	
	止水带															●			●		●				●	
	接缝带																		●							
	遇水膨胀止水条																		●							
	密封膏										●				●											
其他材料	高分子防水卷材胶粘剂	●	●				●									●										●
	注浆材料	●	●		●						●							●		●					●	
	瓷砖胶粘剂	●	●		●			●																	●	
	防水保温一体化板						●																			
	灌浆材料										●		●													